时代变革视阈下
我国物联网的发展趋势研究

——物联网技术、产业、社会、政策全景解析

李瑞琪 著

中国城市出版社

图书在版编目（CIP）数据

时代变革视阈下我国物联网的发展趋势研究：物联网技术、产业、社会、政策全景解析／李瑞琪著．—北京：中国城市出版社，2019.5

ISBN 978-7-5074-2950-3

Ⅰ.①时… Ⅱ.①李… Ⅲ.①互联网络－应用－研究－中国②智能技术－应用－研究－中国 Ⅳ.①TP393.4②TP18

中国版本图书馆CIP数据核字（2019）第102680号

责任编辑：杨　虹　尤凯曦
责任校对：芦欣甜

时代变革视阈下我国物联网的发展趋势研究
——物联网技术、产业、社会、政策全景解析
李瑞琪　著
*
中国城市出版社出版、发行（北京海淀三里河路9号）
各地新华书店、建筑书店经销
北京锋尚制版有限公司制版
北京中科印刷有限公司印刷
*
开本：787×1092毫米　1/16　印张：10　字数：192千字
2019年5月第一版　　2019年5月第一次印刷
定价：46.00元
ISBN 978-7-5074-2950-3
（904162）

导　言

　　"两化融合""智慧地球""感知中国"等一系列预示着中国乃至世界变革方向的热词将"物联网"推向了经济改革、技术创新和社会升级的风口浪尖。"物联网"被预言具有万亿级的产业前景，为经济危机之后的各国带来了点燃新一轮经济增长周期的"火种"；"物联网"技术将纳米、生命、计算、认知等科学与信息技术有效结合，填平了虚拟世界与物理世界的数字鸿沟，引领了信息技术的第三次革命，是新技术革命的催化剂和助推器；"物联网"适时提供了实现"高效、节能、安全、环保"的和谐社会的"管控营一体化"的基础和关键技术，将促使整个社会由人类社会—物理世界的二元模式向人类社会—信息空间—物理世界的三元模式转变与升级。

　　随着计算机技术、通信技术及互联网技术的广泛应用，无论是发达国家、新兴工业化国家，还是一些发展中国家，都不可避免地被卷入到信息化的世界风暴之中，信息化程度与水平已经成为衡量一个国家经济社会发展综合实力与文明程度的重要标志。工业化是从农业主导型经济向工业主导型经济的演变动力，它推动了社会经济结构从农业社会向工业社会的升级；而信息化则是从传统产业主导型经济向信息产业主导型经济的演变动力，它推动了社会经济结构从工业社会向信息社会的升级。信息化是一个技术的进程，更是一个社会的进程。

　　经过四十余年的改革开放，中国综合国力全面提升，产业结构有效调整，进入了转型的青春期，社会呈现出多元复合特征：乡村社会向城市社会变迁、计划经济向市场经济攻坚、农业社会快速工业化并向知识社会跃升、封闭社会向开放社会过渡、产业依赖向产业原创转变、线性经济向循环经济模式切换等。而要完成社会的全面转型，还需要实现工业化向信息化的跨越，真正步入信息时代。物联网正是信息化技术的现实体现与时代核心，是 21 世纪助推中国乃至世界向信息时代升级的加速器。物联网概念的本质就是将人类的经济与社会、生产与生活都放在一个智慧的物联网环境中，为我们提供了感知中国与世界的能力，也为技术创新与产业发展提供了一个前所未有的机遇。

物联网的实施将以物联网技术的研发和应用为基础，以物联网产业的发展为依托，以国家相关政策的出台为保障，并引起人类社会生活的升级和变革。因此，本研究将分别从物联网技术体系、产业规划、社会影响、政策制定四个角度对物联网进行全面解析，从而分析出目前中国物联网技术的基本需求、物联网产业链全景及发展规划、物联网对社会的现实影响以及促进物联网健康有序发展的政策措施等。

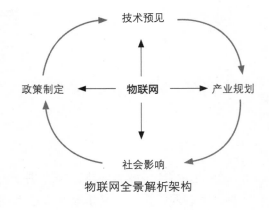

物联网全景解析架构

物联网技术的布局和实现是物联网得以顺利实施的基础，也是各国占领物联网发展制高点的引擎。物联网技术不是一门单一的技术，而是由感知层、网络层和应用层构成的技术集合，基本体现了信息技术的全貌。在技术预见部分，本研究详细分析了物联网的技术框架。总体来讲，感知层技术属于信息采集技术；网络层技术主要关注有线、无线网络的传输；而应用层技术包括高性能计算、数据库技术等公共应用技术和聚焦于行业应用的专业系统构建，同时关注以云计算为代表的分布式应用计算技术。在三层技术中，感知层技术最需要普及，网络层需要解决向国外看齐突破各类关键技术以实现互联网向物联网的完美过渡，应用层技术尤其是中间件软件存在最大的标准诞生空间，是争取物联网话语权的战略制高点。

产业是技术发展的依托，物联网产业是以物联网技术为基础发展起来的产业集群。物联网用途广泛，遍及智能交通、环境保护等多个领域，是继计算机、互联网与移动通信网之后的又一次信息产业浪潮。产业规划部分，本研究首先描述了物联网的产业链，而后分层解析了各个技术层面相对应的产业发展现状及未来走势。总体来讲，物联网的行业应用前景十分广泛，但目前还处于初步发展时期，不可能一下子实现所有的应用，还需要在重点行业重点领域首先突破，以引领其他行业的发展。从产业链角度看，与当前的通信网络产业链是类似的，但是最大的不同点在于上游新增了 RFID 和传感器，下游新增了物联网运营商。其中，RFID 和传感器是给物品贴上身份标识和赋予智能感知能力，物联网运营商是海量数据处理和信息管理服务提供商。

在我们欣喜地看到物联网给个人、企业、产业、社会带来无限美好未来的同时，也必须清楚地认识到物联网将带来的一系列问题。但无论愿意还是不愿意，我们已经被"随风潜入夜，润物细无声"般席卷到物联网之中，成为感知的主体。具体来看，一方面，物联网从衣、食、住、行各个方面为我们带来更加安全、舒适的生活，全面推动了社会的进步；另一方面，当任何"事物"包括人都被贴上数字化的标签后，社会将变得越来越透明，也会引发个人隐私、伦理与人性的大讨论。总体来讲，在政策规划方面还是要坚持顶层设计，分级管理。首先，定下全国物联网发展的总基调；其次，地方根据国家需求，结合自身实际，制定地方物联网发展的具体措施。中央与地方联合互动，打造物联网发展的平台，才能确保物联网产业的可持续发展。

目 录

整体扫描，
解读物联网全貌

第一章

到目前为止，信息技术已经经历过两次"变革性浪潮"，分别 20 世纪 40～50 年代计算机的出现和 20 世纪 90 年代发生的互联网革命。近年来，IBM 提出的"智慧地球"战略，引爆了信息技术的第三次革命性浪潮——物联网革命，从而将人与人之间的交互延伸到人与物及物与物之间的交互（图 1-1）。

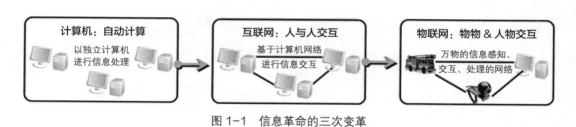

图 1-1　信息革命的三次变革

第一节
物联网的前世今生

物联网的概念虽然出现不久，但与之相关的传感网、M2M、移动商务等概念却由来已久，为物联网的出现奠定了基础。任何一种技术或一种理念的发展，都要经历发生、发展才会进入高潮期，而如今的物联网正是在经过了技术的萌芽和在各国政府推定下的初步发展阶段后而进入了被全世界所关注的高潮发展阶段，从而引发了信息技术的第三次革命性浪潮。

一、物联网概念的提出

物联网概念最早出现于比尔·盖茨 1995 年《未来之路》一书，当时比尔·盖茨已经提及相关设想。1999 年，美国 Auto-ID 首先提出了"物联网"的概念，指其为"物品上装置的电子标签存储唯一的 EPC 码，利用射频识别技术（RFID）完成标签数据的自动采集，通过与互联网相连的 EPC IS 服务器提供对应该 EPC 的物品信息——物品信息互联网络。"

2005 年 11 月 17 日，国际电信联盟（ITU）发布了《ITU 互联网报告 2005：Internet of Things》，指出："物联网是指通过装置在物体上的各种信息传感设备，如 RFID 装置、红外感应器、全球定位系统、激光扫描器等，赋予物体智能，并通过接口与互联网相连而形成一个物品与物品相连的巨大的分布式协同网络。"并认为"物联网"是信息和通信技术（ICTs）中的新维度，意指"from anytime, any place connectivity for anyone, we will now have connectivity for anything."如图 1-2 所示。

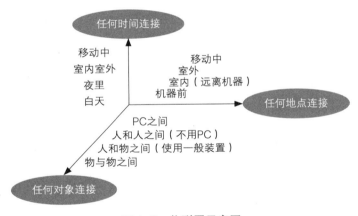

图 1-2 物联网示意图

（资料来源：ITU adapted from Nomura Research Institute）

2008 年 3 月在苏黎世举行了全球首个国际物联网会议"物联网 2008"，探讨了"物联网"的新理念和新技术，以及如何推进"物联网"发展。2009 年中国正式提出了"感知中国"，并将"加快物联网的研发应用"写入《2010 年政府工作报告》。

二、物联网概念内涵

从本质上讲，物联网并不是一个全新的概念，与之相关的传感网、M2M 等概念由来已久，但物联网作为一个专有名词被我们所认识时间还不久。目前，物联网的定义并未统一，但核心思想是一致的。物联网的核心要素归纳为"感知、传输、智能、控制"八个字。也就是说，物联网具有以下四个重要属性：①全面感知：利用 RFID、传感器、二维码等智能感知设施，可随时随地感知、获取物体的信息；②可靠传输：通过各种信息网络与计算机网络的融合，将物体的信息实时、准确地传送到目的地；③智能处理：利用数据融合及处理、云计算等各种计算技术，对海量的分布式数据信息进行分析、融合和处理，向用户提供信息服务；④自动控制：利用模糊识别等智能控制技术对物体实施智能化控制和利用。最终形成物理、数字、虚拟世界和社会共生互动的智能社会，如图 1-3 所示。

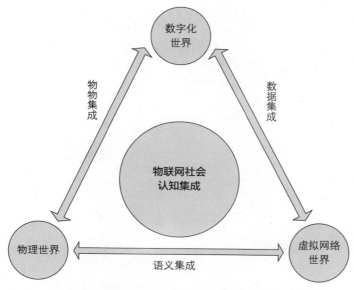

图 1-3　数字、物理、虚拟世界的社会互动共生

三、物联网产生背景

物联网的产生有其技术发展的原因，也有应用环境和经济背景的需求，具体如下。

（一）经济危机催生新产业革命

2009 年全球爆发的金融危机，把全球经济带入了深渊。自然，战略性新兴产业将成为"后危机时代"的新宠儿。美国、日本、欧盟等均已将注意力转向新兴产业，并给予前所未有的强有力政策支持。例如，奥巴马的能源计划是发展智能电网产业，全面推进分布式能源信息管理。中国专家提出的坚强智能电网概念，催生了以智能电网技术为基础，通过电子终端将用户之间、用户和电网公司之间形成网络互动和即时连接，实现了数据读取的实时、高速、双向的总体效果，实现了电力、电信、电视、远程家电控制和电池集成充电等的多用途开发。电力检测无线传感器电网配电传输系统和智能电表的用电智能感知网络，在很多地区的使用过程中已呈现出其优越性能。传感网技术将在新兴产业（如工业测量与控制、智能电网领域）中扮演重要角色，发挥重要作用。传感网所带来的一种全新的信息获取与信息处理模式，将深刻影响信息技术的未来发展。目前的经济危机让人们又不得不面临紧迫的选择，显然物联网技术可作为下一个经济增长的重要助推器，催生新产业革命。

（二）传感网技术已成熟应用

由于近年来微型制造技术、通信技术及电池技术的改进，促使微小的智能传感器可具有感知、无线通信及信息处理的能力。也就是说，涉及人类生活、生产、管理等方方面面的各种智能传感器已经比较成熟，如常见的无线传感器、射频识别（RFID）、电子标签等。传感网能够实现数据的采集量化、融合处理和传输，它综合了微电子技术、现代网络及无线通信技术、嵌入式计算技术、分布式信息处理技术等先进技术，兼具感知、运算与网络通信能力，通过传感器侦测周边环境，如温度、湿度、光照、气体浓度、振动幅度等，并通过无线网络将收集到的信息传送给监控者；监控者解读信息后，便可掌握现场状况，进而维护、调整相关系统。由于监控物理环境的重要性从来没有像今天这么突出，传感网已被视为环境监测、建筑监测、公用事业、工业控制与测量、智能家居、交通运输系统自动化中的一个重要发展方向。传感网使目前的网络通信技术功能得到极大的拓展，使通过网络实时监控各种环境、设施及内部运行机理等成为可能。经过十余年的研究发展，可以说传感网技术已是相对成熟的一项能够引领产业发展的先进技术。

（三）网络接入和数据处理能力已基本适应多媒体信息传输处理的需求

目前，随着信息网络接入多样化、IP宽带化和计算机软件技术的飞跃发展，对于海量数据采集融合、聚类或分类处理的能力大大提高。在过去的十几年间，从技术演进视野来看，信息网络的发展已经历了三个大的发展阶段，即：①大型机、主机的联网；②台式计算机、便携式计算机与互联网相连；③一些移动设备（如手机、PDA等）

的互联。信息网络的进一步发展，显然是更多地与智能社会相关物品互联。宽带无线移动通信技术在过去数十年内，已经历了巨大的技术变革和演变，对人类生产力产生了前所未有的推动作用。以宽带化、多媒体化、个性化为特征的移动型信息服务业务，成为公众无线通信持续高速发展的源动力，同时也对未来移动通信技术的发展提出了巨大挑战。当前，第三代移动通信系统（3G）已经进入商业化应用阶段，下一代移动通信系统（3G/4G）也已进入实质性研发试用阶段，按照最新的工作计划，国际电信联盟（ITU）在国际范围内启动了技术提案的征集工作，开始了一整套包括技术征集、评估、融合以及标准化在内的 4G 无线通信技术的国际标准化（ITU 称之为 IMT-Advanced）。可以说，网络接入和数据处理能力已适应构建物联网进行多媒体信息传输与处理的基本需求。

第二节
物联网技术与标准

　　物联网的概念虽然新，但实质上涉及的物联网技术并不是什么全新的事物，关键在于技术的整合和标准的设立。其中，物联网产业发展的核心是建立行业规范和资源整合，这可能比一些关键技术的突破更为重要，关键技术是"点"的问题，而标准的规范和整合是"面"的问题，不能以点盖面。技术尤其是标准是物联网发展的关键。

　　物联网感知层的关键技术是传感器技术，这些技术多半已超出了信息技术层面，属于物理、化学以及材料科学的范畴；在传输层，相关的有线和无线网络技术已基本发展成熟，"面"的问题已经解决，尤其是 3G 技术的发展，作为物联网的重要基础设施，已经基本可以满足物联网产业的需求，关键是网络资源的整合和规范问题（也包括标准化），4G 等关键技术的发展属于锦上添花；物联网的核心还是"面"的问题，这使得应用层的地位举足轻重。应用层的关键是应用软件和中间件。物联网产业的行业应用软件也是属于"点"的问题，而通用的物联网中间件是"面"的问题，这也是 IBM 和 Oracle 等中间件厂商也积极投身物联网（智慧地球）产业的原因。一些人早已熟悉的业务范畴，如 ERP（企业资源计划）、MES（制造业执行系统），基本上也和物联网应用相关，或属于它的上游应用。很多时候，它们需要物联网中间件软件集成末端设备的数据作为输入，才能更大地发挥作用。

标准化是占领物联网制高点的关键，然而目前业界对物联网本身的认识也还不统一，众说纷纭，这可以从两会一些代表的提案中看出，很多提案都还停留在战略性的粗线条层面，甚至是一些不切实际的空头口号，实质性内容还远远不够。哪些是物联网关键技术，哪些是关键应用，哪些关键技术应该先突破，哪些关键应用应该先发展，目前业界还没有一致的观点，这些东西不统一，标准也将步履维艰。

物联网的技术架构

如图 1-4 所示，一般来讲，我们将物联网技术分为由感知层、传输层（网络层）和应用层构成的三层架构，分别对应于数据的采集、传输和处理。

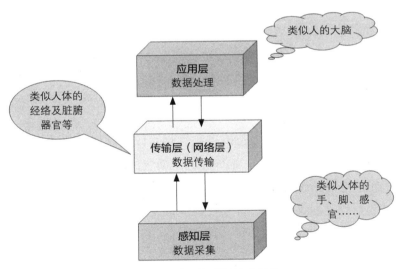

图 1-4　物联网技术架构

（一）感知层技术

感知是物联网的基础，是物理世界向信息空间转换的第一步，是物体被赋予"智慧"的源头。现代汉语词典中，对"感知"的解释是"客观事物通过感觉器官在人脑中的直接反映"。从而感知层技术，也就是起到感觉器作用的技术，即可以通过"望、闻、问、切"感受客观事物，识别、采集相关数据用以传输的技术，也可以称为数据识别技术、数据采集技术或数据获取技术。

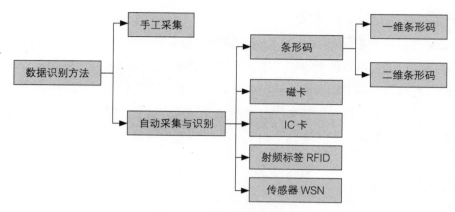

图 1-5   数据识别方法集合

如图 1-5 所示，按照数据识别方法的产生顺序，可以分为手工采集和自动采集与识别，而物联网技术中的感知层技术主要指后者。目前来讲，在物流信息网络中二维码技术、卡技术和 RFID 技术相对比较成熟，占应用的主流，而芯片驱动的各类感知器件的研发是未来发展的趋势。

（二）网络层技术

物联网的传输靠网络进行，所以传输层技术也可以称为网络层技术。所谓网络是指信息接收、传播和共享的虚拟平台，物联网的网络层，就像它的传输神经，担任着信息通信和路径控制的功能。通过网络层技术，可以将各个感知点串成线、连成片、构成感知子系统；通过网络层技术，可以将感知到的信息传递给具有分析功能的"大脑"，并可将反馈信息传递到相应感知点；通过网络层技术，可以实现各种异地、异类感知系统的实时共享。

从网络技术的发展进程看，网络技术大致是沿着三条主线在演变与发展。第一条主线是互联网技术，第二条主线是无线网络技术，第三条主线是网络安全技术（图 1-6）。

物联网是互联网的延伸，互联网技术的发展，特别是硬件技术的发展是物联网网络层技术的基础。物联网作为互联网的延伸，将继承互联网的网络连接技术，但由于物联网本身的特点，注定了它将对互联网的发展提出新的要求。就网络连接和应用技术角度看，在互联网向物联网的

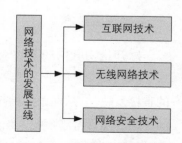

图 1-6   网络技术发展主线

过渡阶段，将遇到 IP 地址资源匮乏、带宽短缺和三网融合等问题与挑战。

　　无线网络技术的发展直接关系物联网各层之间的传递与连接，是物联网网络层技术的核心。无线网络是网络技术研究与发展的另一条主线，它的研究、发展与应用对物联网的发展具有更加重要的影响。从是否需要基础设施的角度看，无线网络技术可以分为基于基础设施的无线网络和无基础设施的无线网络两大类，如图 1-7 所示。基于无基础设施的无线网络是如今及未来物联网网络的发展趋势。

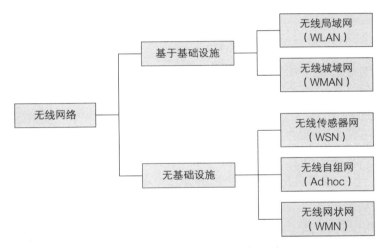

图 1-7　无线网络分类

　　网络安全技术的发展，是所有网络技术得以生存和发展的前提，也是物联网网络层技术得以实现的保障。没有网络安全技术，一切信息技术都无法彻底地执行。从技术角度看，物联网是建立在互联网的基础上的，互联网遇到的信息安全问题，物联网也会遇到；从应用的角度看，物联网数据涉及大量企业应用和社会运行的相关数据，比互联网传输的数据更具有价值；从物理传输技术的角度看，物联网更多地依赖于无线通信技术，而无线通信技术很容易被攻击和干扰，攻击无线信道是比较容易的，这就对物联网安全技术提出了更高的要求；从构成物联网的端系统的角度看，大量的数据是由 RFID 和传感器产生的，之前了解此类技术的人比较少，随着物联网的大规模应用与普及，无线传感器网络安全问题就会凸显。综上，物联网网络安全问题是非常复杂而且重要的。总体来讲，可将物联网网络安全问题分为共性化的网络安全技术问题和个性化的网络安全技术问题。其中，共性化的网络安全技术问题主要指互联网中存在的安全技术问题，而个性化的网络安全技术问题主要指无线传感网网络的安全性与 RFID 的安全性问题。

（三）应用层技术

应用是一切技术的目的和归宿，通过感知层的数据获取和网络层的数据传输，在应用层，将面临数据大集成后的数据分析、挖掘、存储和应用问题。一方面，要基于"上行"的数据采集，实现"物"的监测；另一方面，要进行"下行"的指令下发，实现"物"的控制。正如人的智慧来源于大脑，物联网的智慧主要来自应用层技术对于数据的分析和应用。

从微观看，应用层技术包括公共技术和行业技术，公共技术主要指人工智能技术、海量数据存储技术、数据挖掘和分析技术、高性能计算技术以及 GIS/GPS 技术等，而行业技术主要和具体产业相关，这对中间件技术的发展提出了很大的需求。但是从宏观角度讲，物联网要成功实施，仅有技术还是不够的，还需要商业模式的设计和应用，目前来看，可以将云计算与物联网相结合，以初步构建物联网的商业模式。也就是说，物联网应用的实现，需要由软件构成的"硬"技术，和硬模式形成的"软"环境协同发展。从而，我们将从公共技术、行业软件及中间件技术、云计算三个方面来阐述物联网应用层技术，如图 1-8 所示。其中，中间件技术的发展是物联网应用能否成功实施的关键，标准制定和抢占是通向物联网发展制高点的竞争利器。

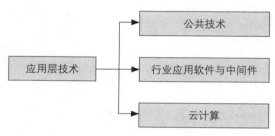

图 1-8　应用层技术研究路线

第三节
国外物联网发展现状

近年来，全球主要发达国家和地区均非常重视物联网的研究，韩国、日本、美国和欧盟都纷纷制定了相应发展战略以图利用各种信息技术来突破互联网的物理限制，实现无处不在的物联网络。

一、美国的智慧地球

IT 行业一直是美国的传统优势所在，美国前总统克林顿所倡导的新经济战略使得美国再一次创造了历史性的辉煌。至今为止，美国仍然掌控着互联网的主动权。但是，随着各国 IT 领域的奋起直追，美国的优势日渐缩小。2008 年的金融风暴更是使美国元气大伤。

物联网在美国历史悠久，美国拥有目前世界上最为系统、最为成熟的物联网技术。2008 年 11 月，IBM 公司发表了《智慧地球：下一代领导人议程》《智慧地球：赢在中国》；2009 年 1 月，IBM 公司提出了"智慧地球"的构想，美国总统奥巴马就职后，对"智慧地球"构想作出了积极回应，并将其作为振兴经济的新武器提升为国家层级的发展战略；奥巴马将"新能源"和"物联网"作为振兴经济的两大武器，投入巨资深入研究物联网相关技术；美国《经济复苏和再投资法》中，鼓励物联网技术发展政策主要体现在推动能源、宽带与医疗三大领域开展物联网技术的应用。

二、欧盟的物联网行动计划

从总体来说，欧洲已经坐上了通信霸主的地位，主导着世界第三代通信的标准，这是未来互联网发展的制高点。同时，与美国相比，它在通信基础方面仍然薄弱，如何利用网络的优势扩大战果是欧洲的一个重要议题，而发展物联网正是扩大这一优势的绝好机会。

2006 年，欧盟成立工作组，专门研究 RFID 技术，并于 2008 年发布了《2020 年的物联网——未来路线》；2009 年 6 月，欧盟委员会向欧盟议会、理事会、欧洲经济和社会委员会及地区委员会递交了《欧盟物联网行动计划》（Internet of Things-An Action Plan for Europe ），意在引领世界物联网发展；2009 年 10 月，欧盟委员会以政策文件的形式对外发布了物联网战略，将于 2011～2013 年间每年新增 2 亿欧元进一步加强研发力度，同时拿出 3 亿欧元专款，支持物联网相关公私合作短期项目建设；2009 年 12 月，欧盟委员会以政策文件的形式，对外发布了欧盟"数字红利"利用和未来物联网发展战略，为了加强政府对物联网的管理，消除物联网发展的障碍，欧盟制定了 12 项行动保障物联网的发展。

三、日本、韩国、新加坡的 u 计划与智慧国蓝图

日本政府自 20 世纪 90 年代中期以来相继制定了 e-Japan、u-Japan 和 i-Japan

计划，2004 年制定的 u-Japan 的目标是建设无所不在的网络社会，2010 年实现"anytime、anywhere、anything、anyone"都能上网的环境；2009 年提出的 i-Japan 目标是要在 2011 年实现日本产业社会、地区与 Information and Communications Technology（ICT）融合，2015 年通过数位技术达到"新的行政改革"，使行政流程简化、效率化、标准化、透明化，同时推动电子病例、远程医疗、远程教育等应用的发展。

2002 年 4 月，韩国提出了"e-Korea"战略，2006 年确定了"u-Korea"战略，IT839 计划是 u-Korea 的核心，计划中提出了"八项信息产业服务、三大基础网络设施建设、九项新增长技术"。2009 年韩国通信委员会出台了《物联网基础设施构建基本规划》，将物联网市场确定为新增长动力。

2005 年，新加坡制定了"智慧国 2015（iN2015）"战略，计划在十年内实施四项政策，在政府、金融、教育、医疗保健、媒体娱乐、制造与物流、旅游与零售七大领域达成六大目标，"利用无所不在的信息通信技术将新加坡打造成一个智慧的国家、全球化的城市"，2015 年后拥有新一代的宽带网络和资信科技，让资信科技与学习、休闲、工作和经济发展更紧密地结合在一起。这就是新加坡智慧国蓝图的愿景。

第四节
感知中国发展现状

中国已基本形成健全的物联网产业体系，部分领域已形成一定的市场规模。从产业结构来看，无线射频识别（RFID）与传感器等产业已有较大规模，但真正与物联网相关的软件和信息服务业刚刚起步，所占比重很小。RFID 产业市场规模超过 100 亿元，其中低频和高频 RFID 相对成熟。全国有 1600 多家企事业单位从事传感器的研制、生产和应用，年产量达 24 亿只，市场规模超过 900 亿元，其中，微机电系统（MEMS）传感器市场规模超过 150 亿元；通信设备制造业具有较强的国际竞争力，建成了全球最大、技术先进的公共通信网和互联网。机器到机器（M2M）终端使用数量接近 1000 万，形成了全球最大的 M2M 市场之一。

与物联网相关的软件与信息服务主要包括物联网网络通信服务业、物联网应用基础设施服务业、物联网相关信息处理与数据服务业、物联网相关软件开发与集成服务业等。这些子行业中，物联网网络通信服务业发展较快，2011 年，M2M 终端数已超过 1000 万，应用领域覆盖公共安全、城市管理、能源环保、交通运输、农业服务、医疗卫生、教育文化、旅游等多个领域。物联网应用基础设施服务业方面，主要结合云计算开展 IaaS 商业服务，目前处于起步阶段。物联网相关信息处理与数据服务业方面，由于中国数据库产业缺乏关键核心技术，整体发展水平不高，缺乏有竞争力的国际企业。

分层剖析，
预见物联网技术需求

第二章

物联网技术的研发和应用是各国占领物联网发展制高点的引擎。物联网技术不是一门单一的技术，而是由感知层、传输层和应用层构成的技术集合，基本体现了信息技术的全貌。在全面了解物联网基础知识的基础上，分析出中国发展物联网的技术瓶颈，预见物联网持续发展的关键技术需求，有针对性地进行技术开发和管理，是物联网产业发展的线索，是制定中国物联网发展战略的基础。

从信息技术的发展脉络看，由计算机发明而引起的第一次计算机革命可以认为是聚焦于信宿的革命；而互联网引起的第二次信息技术革命主要关注信道技术的研发；在物联网引起的第三次信息技术革命中，较之之前更加重视信源——也就是信息采集技术的发展，同时强化了信源、信道、信宿技术的集成效率。

由物联网总体技术框架分析，感知层技术属于信息采集技术；网络层技术主要关注有线、无线网络的传输；而应用层技术包括高性能计算、数据库技术等公共应用技术和聚焦于行业应用的专业系统构建，同时关注以云计算为代表的分布式应用计算技术。在三层技术中，感知层技术最需要普及，网络层需要解决向国外看齐突破各类关键技术以实现互联网向物联网的完美过渡，应用层技术尤其是中间件存在最大的标准诞生空间，是争取物联网话语权的战略制高点。

第一节
感知层技术——物联网的感官

物联网感知层技术中的二维码技术、RFID 及传感器技术是中国重点需求技术，而芯片驱动的各类感知器件的需求是大势所趋，也就注定了集成电路也就是微电子技术的发展是未来感知层技术基础研究的重点。

一、条形码技术

20 世纪 20 年代，发明家约翰·科芒德（John Kermode）发明了条形码，1969 年第一个关于条形码的专利出现，1970 年第一个商业化的条形码技术开始进入市场，1988 年，Intermec 公司发布了世界上第一个二维条码 CODE 49，接着出现了改进型的 CODE 16K 和 PDF417，随后矩阵式 DATA MATRIX 等二维码一个个走入人们的视野。

（一）条形码技术概述

条形码或条码（barcode）是将宽度不等的多个黑条（或黑块）和空白，按照一定的编码规则排列，用以表达一组信息的图形标识符。一维条形码是由黑条（简称条）和白条（简称空）排成的平行线图案，只是在一个方向上表达信息，其优点是编码规则简单，识读器造价低，但其数据存储容量较小，最大能表示 128 个 ASCII 符，且只能表示 10 个数字、26 个英文字母及一些特殊的字符，不能满足物联网发展的广泛需要，正在逐渐被二维条形码所替代。而二维码在水平和垂直两个方向上存储信息，信息容量大，译码可靠性高，纠错能力强，保密与防伪性能好，制作成本也低，是物联网发展的重要技术基础之一。

条形码技术的研究涉及条形码编码技术和识读设备的研究。条形码编码标准规定了条形码的图形与它所表示的信息之间的规则，识读器通过扫描和译码的过程，解释出条形码所表示的信息。对条形码技术的应用取决于条形码标准的成熟度与具有高性价比的识读器技术的发展。一维码技术比较简单，已有技术已经可以满足使用需求，发展空间不大。

（二）二维码技术总揽

二维条码按结构不同可分为层排式和矩阵式两种。

层排式：由多个水平的常规一维条码层叠而成，每行用各自层标志符加以区别。

矩阵式：矩阵式二维条码使用固定宽度的明暗块编码信息，是真正意义的二维条码。对比层排式二维条码，矩阵式二维条码更小，能够存储更多的数据。矩阵式二维条码按比例缩减的能力使其能够标识药品和电子小元件，另外，矩阵式二维条码不需要一个大的静区，也就是可以很靠近周围的环绕文字或条码。

截至现在，全世界已有 20 多种二维条码，其中 12 种流行二维条码被 AIM 采用作为其标准，这 12 种二维条码如表 2-1 所示。

表 2-1

12 种二维条码

标准体系	二维条码标准
AIM	PDF417、QR Code、MaxiCode、Aztec、Data Matrix、Codeblock、Code One、Code 16K、Code 49、SuperCode、Micro PDF417、Dot Code A

（三）国外二维码技术发展

Data Matrix、PDF417、MaxiCode、Dataglyph、QR Code 和 Ultra Code 等几种二维条码是国外二维条码技术的典型代表。

以上几种流行的码制都有相应的专利保护（PDF417 专利号：5113445；Data Matrix 专利号：4939354，5053609，5124536；MaxiCode 专利号：4874936，4896029，4998010）。日本 Denso Wave 公司在声明 QR 码制免费使用时，在其网站上用红字标明，QR 的专利归 Denso 公司所有。

值得一提的是，即使标准制定的公司让其他公司免费使用其二维条码标准，其他公司也根本不可能在技术上赶上发明者的水平。例如，QR 码是免费提供使用的，但不管是美国的 Symbol 公司或者是国内的新大陆，其识读设备都无法达到 Denso 识读设备的快速识读能力。Denso QR 码识读软件的高效率离不开其特殊硬件配置的支持，而其他公司依靠公开标准开发的识读软件是不可能具有 Denso 软硬一体的性能和效率的。用户可以通过一个有趣的实验清楚地看到什么是"公开免费的标准"，把 QR 码图中的任意一个定位标志毁损，然后拿顶尖厂家 Symbol 的 QR 码识读设备去识读，其结果是根本无法识读，但 Denso 的识读设备在这种情况下仍能准确识读，再多毁损一个定位标志，Denso 设备仍能在两个毁损点有特殊排列位置关系时识读。

（四）中国自主知识产权的二维条码技术

1991 年中国物品编码中心（ANCC，隶属于国家质量监督检验检疫总局）代表中国加入国际物品编码协会（EAN）标志着中国条码产业的正式诞生。

1. GM 码——网格矩阵码

该码制于 2006 年 5 月经信息产业部批准成为中国的第一个二维条码行业标准。GM 可以存储高达 1143 Bytes 的数据，作为商品标识可应用于物流防窜、商品防伪，作为彩信/短信图形可用于电子票务（图 2-1）。

其技术指标见表 2-2。

图 2-1　GM
二维条码样图

二维条码技术指标　　　　　　　　　　表 2-2

参数	指标		
纠错信息与纠错性能	等级	纠错信息百分比	最大纠错能力（面积百分比）
	1	10%	8%
	2	20%	18%
	3	30%	28%
	4	40%	38%
	5	50%	48%
误码率	小于千万分之一		
最大存储容量（5 级纠错）	数据类型		容量
	数字		1524
	中文（13 比特压缩编码）		391
	大写英文		1080
	小写英文		1080
	8 比特字节		634
码图规格 / 识读方向 / 静区要求	由最小尺寸到最大尺寸共 13 个规格 /360° 全向识读 / ≥ 3mm		

GM 与 PDF417 和 QR 同属通用类二维条码，它们的技术指标比较见表 2-3。

GM、PDF417 和 QR 技术指标比较　　　　　　　　表 2-3

码制	最大容量（字节）	纠错信息	抗畸变和抗污损能力
PDF417 码	1106（0.2% 纠错信息）	9 级纠错信息，由 2~512 个纠错码词按等比例递增	开始 / 停止模式与层指示符不能同时被破坏，适用激光扫描识读

续表

码制	最大容量（字节）	纠错信息	抗畸变和抗污损能力
QR 码	2953（7% 纠错信息）	四个可选纠错信息：7%、15%、25%、30%	定位模式不能被破坏，对表面平整度的要求高，污损被确定为擦除错误的比例低，定位模式在边角，容易丢失
GM 码	1143（10% 纠错信息）	10%~50% 5 级纠错信息，由低到高等差递增	纠错等级容许的前提下任何区域都可以被污损（世界独创），每个码词独立定位，擦除错误容易被确认。容忍大角度的弯、折以及透视形变

　　由表 2-3 可以看出，GM 的抗污损、抗变形识读能力极强，在物品流通应用上具有极强的竞争优势。GM 码的成功案例包括：沈阳烟草专卖局的烟草稽查管理系统；AC 米兰与上海申花友谊赛门票管理系统；王菲"菲比寻常"2004 北京演唱会门票管理系统；2004 上海国际汽车街道赛门票管理系统；美特斯邦威 2004 十全十美演唱会门票管理系统；北京地税管理系统等。

2. CM 码——紧密矩阵码

　　该码制于 2006 年 5 月经信息产业部批准成为中国的第一个二维条码行业标准。CM 是一种高容量接触式识读的二维条码（图2-2）。

　　对比 PDF417 码 1K 和 QR 码 3K 的容量，CM 码 32K 的容量可以说是一枝独秀。在生物识别和数字化文档的应用中，图像、指纹

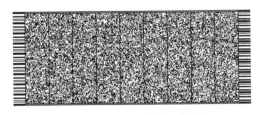

图 2-2　CM 二维条码样图

和大量的文字往往需要被存储在二维条码中，二维条码的存储容量成为至关重要的因素。PDF417 和 QR 往往需要压缩技术去处理常规的图像和指纹生物识别，这样做不仅让应用复杂化，而且压缩后的效果也存在失真（表 2-4）。

QR、PDF417 和 CM 技术指标比较　　　　　　　　　　表 2-4

二维条码	QR	PDF417	CM
最大容量	3 KB	1 KB	32 KB
纠错能力	1~4 级	0~8 级	1~8 级
条码形状	只能正方形	任意矩形	任意矩形

续表

汉字编码效率	一般	较差	高效
可存储信息	文字、符号、小幅图片	文字、符号、简单图形	文字、符号、彩色图片、甚至声音等
光电影像传感器（识读设备核心器件）	日本制造	日本制造	中国制造
知识产权	日本	美国	中国

CM 码的成功案例包括：第十届国际自动识别展（北京）参展证管理系统；TOEFL 口语考试——TSE 考试（北京）管理系统；深圳市两会（人大、政协）管理系统；湖北省全国计算机软件专业技术资格和水平考试；武汉东湖开发区拆迁信息管理系统；身份证件管理应用在国外的成功实施等。

3. GMU 码——GM 码的手机应用改进版

针对二维条码手机应用的迅猛发展，在 GM 码的基础上，改良开发了 GMU 码，克服了以前 GM 码需要带近距照相镜头手机识读的应用瓶颈，使普通手机也能通过抓拍 GMU 码实现快速和无字符录入的无线上网。GMU 码是手机上网的快捷按钮，它的出现，使装有 GMU 码解码软件的普通照相手机就能识读报纸、杂志和商品等上的 GMU 码，获得二维条码内隐含的有效信息，自动连接到相关 WAP 服务的地址。GMU 码可用于产品防伪、个人手机名片和条码网址（企业产品推广、促销）。

GMU 码的成功案例包括：高尔夫地图；深圳都市报；深圳地铁时代等。

（五）条形码技术展望

标准是技术的核心制高点，我们在"享受"标准的同时，却不得不面对诸多残酷的现实。从 VCD、DVD 到 EVD，从 MP3 到 MP4，再从数字电视到 3G，市场初始阶段标准免费使用，只要中国形成产业规模，就有国外公司来收巨额的专利费。这导致了一种普遍的现象，在国外消费市场，中国袜子玩具到处都是，高科技产品却很少看到，不小比例的高科技产品却是在中国生产的。消耗大量资源能源，拿到极低的利润。

在二维码技术领域，中国自主研发出了 CM/GM/GMU 码，这打破了日本 QR 和美国 PDF417 的标准壁垒，让中国人有了自己的条码，保证了中国在条码产业发展中的利润空间，避免了国外标准和专利所构成的风险，避免了巨额专利标准费用的外流，为中国物联网技术体系勾画了漂亮的一笔。与此同时，作为第三大贸易国和拥有巨大消费市场的发展中国家，中国本身就有很好的二维码市场基础及巨大的发展潜力。

二、磁卡与 IC 卡技术

磁卡和 IC 卡是目前普遍使用的数据获取技术，技术和应用都比较成熟，是物联网感知层技术的重要组成成分，但从基础研究方面进行突破的空间不大。他们的技术突破更多地来自于微电子技术领域的技术突破，从而形成磁卡集成电路产业。

（一）磁卡技术概述

磁卡是一种卡片状的磁性记录介质，利用磁性载体记录字符与数字信息，与各种读卡、读写器配合，用来标识身份或其他用途。根据使用基材的不同，磁卡可分为 PET 卡、PVC 卡和纸卡三种；视磁层构造的不同，又可分为磁条卡和全涂磁卡两种。

磁条从本质意义上讲和计算机用的磁带或磁盘是一样的，它可以用来记载字母、字符及数字信息。通过粘合或热合与塑料或纸牢固地整合在一起形成磁卡。磁条中所包含的信息一般比长条码大。磁条内可分为三个独立的磁道，称为 TK1、TK2、TK3。TK1 最多可写 79 个字母或字符；TK2 最多可写 40 个字符；TK3 最多可写 107 个字符。

（二）磁卡的国际标准

磁卡的国际标准包括：

（1）ISO 7810：1985 识别卡 物理特性：规定了卡的物理特性，包括卡的材料、构造、尺寸。卡的尺寸为：宽度 85.72～85.47mm；高度 54.03～53.92mm；厚度 0.76±0.08mm；卡片四角圆角半径 3.18mm；一般讲卡的尺寸为：85.5mm×54mm×0.76mm。

（2）ISO 7811—1：1985 识别卡 记录技术 第 1 部分：凸印：规定了卡上凸印字符的要求（字符集、字体、字符间距和字符高度）。

（3）ISO 7811—2：1985 识别卡 记录技术 第 2 部分：磁条：规定了卡上磁条的特性、编码技术和编码字符集。

（4）ISO 7811—3：1985 识别卡 记录技术 第 3 部分：ID-1 型卡上凸印字符的位置。

（5）ISO 7811—4：1985 识别卡 记录技术 第 4 部分：只读磁道的第 1、2 磁道位置。

（6）ISO 7811—5：1985 识别卡 记录技术 第 5 部分：读写磁道的第 3 磁道位置。

（三）IC 卡技术概述

IC 卡技术主要涉及 EEPROM 技术、RFID 技术、加密技术、Java 卡技术、IC 卡 ISO 标准化技术、IC 卡生物认证技术及数据压缩技术等软、硬件新技术。IC 卡的国际标准包括：①物理特性符合 ISO 7816：1987 中规定的各类识别卡的物理特性和 ISO 7813 中规定的金融交易卡的全部尺寸要求，此外还应符合国际标准 ISO 7816—1：1987 规定的附加特性、机械强度和静电测试方法；②触点尺寸与位置应符合国际标准 ISO 7816—2：1988 中的规定；③电信号与传输协议：IC 卡与接口设备之间电源及信息交换应符合 ISO / IEC 7816—3：1989 的规定；④行业间交换用命令：有相应的国际标准 ISO / IEC 7816—4：1994，但该版本尚未正式通过；⑤应用标识符的编号系统和注册过程应符合国际标准 ISO / IEC 7816—5：1994 中的规定。感应式智能卡的国际标准有：ISO\IEC 10536—1：1992、ISO\IEC 10536—2：1995、ISO\IECDIS 10536—3：1995、ISO 14443—2 等。

（四）卡技术展望

综上，卡技术是物联网技术体系不可或缺的感知部件。由于卡技术具有成本低而存储容量较大的特点，在未来的发展中将会有很广泛的应用空间。中国发展金卡的方针是"两卡并用，磁卡过渡，发展 IC 卡为主"。未来的发展趋势必将是 IC 卡逐步取代磁卡。而 IC 卡的发展是以集成电路的发展为基础的，所以未来磁卡和 IC 卡技术的基础研究还是集中于集成电路基础的研究和发展。而随着物联网应用的普及，射频识别 IC 卡将是 IC 卡领域发展的重点（关于射频识别技术在下一节中将重点介绍）。对于卡技术的发展，一方面我们要继续大力聚焦集成电路基础研究的发展，另一方面要继续扩大应用市场，开创更加美好的明天。

三、RFID 技术

RFID 是 Radio Frequency Identification 的缩写，即射频识别技术，俗称电子标签，是一项利用射频信号通过空间电磁耦合实现无接触信息传递并通过所传递的信息达到物体识别的技术。

（一）RFID 系统

RFID 是一种利用电磁场或电磁波为传输手段的非接触式自动识别技术。广义的

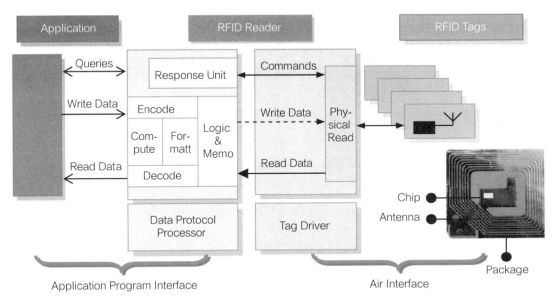

图 2-3 RFID 系统框架图

RFID 系统将天线作为电子标签的一部分，另外加入了应用系统，从而也由三部分组成，分别为 RFID 标签、读取器和应用系统，如图 2-3 所示。

（二）RFID 标签

我们通常所说的 RFID 是指 RFID 标签，在信息获取方面的技术重点也是指 RFID 标签，至于天线和应用系统更多涉及传输层和应用层，在下文中还会有具体阐述。在此，将具体分析一下 RFID 标签。

作为射频读写设备操作的对象，RFID 标签首先是一个信息的载体，其主要的功能是接收来自射频读写设备的指令，存储或返回所需要的内容。其中，关键的电子零件就是内部的内存，通常是厂家采用 EEPROM 技术将内存集成于一块很小的芯片当中，在内存的外围有通信伺服电路。

根据电子卷标是否附加电池来区分，RFID 标签可以分为被动式和主动式：被动式电子卷标其能源是由读取器提供，所以标签上不需附加电池，所以体积小、使用期限较长，但是读取的距离较短；主动式与被动式不同的部分是其标签是附加电池的，系统另外增加所谓的唤醒装置，平时卷标是处于休眠的状态，当卷标进入唤醒装置的范围时，唤醒装置利用无线电波或磁场来触发或唤醒卷标，卷标这时才进入正常工作模式，开始传送相关信息，由于本身具备工作所需之电源所以传输距离较长，但是相对具有体积较大、需更换电池及成本较高等缺点。

根据内存读取功能的不同，可分为只读（Read-Only，R/O）、仅能写入一次多次读取（Write-Once Read-Many，WORM）和可重复读写（Read-Write，R/W）：只读电子标签卷标芯片内的信息出厂时已固定，使用者仅能读取卷标芯片内的信息而无法进行写入或修改的程序。成本较低，一般应用于门禁管理、车辆管理、物流管理、动物管理等；WORM 电子标签和只读不同的是使用者可以写入或修改卷标芯片内数据一次，和只读标签相同也可进行多次读取。成本较高，应用于资产管理、生物管理、药品管理、危险品管理、军品管理等；可重复读写电子标签使用者可以透过读取器进行卷标内芯片信息之读取与写入，资料可以视需要附加或重新写入，成本最高，应用于航空货运及行李管理、客运及捷运票证、信用卡服务等（表 2-5）。

电子标签比较表   表 2-5

	主动式	被动式
电力来源	内有电池	电力由 Reader 产生，需具较高电力的 Reader
读取	可	可
写入	可（可重复使用）	否
内存	大小根据应用需求而变化，有些可达 1MB	内嵌特别的资料 32~128 bits，不可修改或重复写入
体积	较大	较轻
价格	较昂贵	较便宜
使用周期	周期较短（可能最多 10 年）	无限使用

根据工作频率的不同，RFID 标签可分为低频、中高频、超高频和微波（表 2-6、表 2-7）。

RFID 分频对比 [1]   表 2-6

频率	低频	中高频		超高频	微波
频率	125~134kHz	13.56MHz	JM13.56MHz	868~915MHz	2.45~5.8GHz
市场份额	74%	17%	2003 年引入	6%	3%

---

[1]　Venture Development Corp Report 2002.

续表

频率	低频	中高频		超高频	微波
读取距离	<1.2m	<1.2m	<1.2m	<4m	<15m△
读取速度	不快	中等	很快	快	很快
湿度环境	无影响	无影响	无影响	有影响	有影响
采用 ISO 标准	11784/85 14223	18000-3.1 14443A、B、C	18000-3/2	EPC C_0、C_1、C_2	18000-4
主要应用领域	固定物、煤气、洗衣房	图书馆、仓库、运输工具	航空、邮政、药品、烟草	仓库、卡车、拖车跟踪	道路收费、集装箱

不同频段 RFID 的优点和缺点 表 2-7

工作频段	优点	缺点
<150kHz	标准的 CMOS 工艺；技术简单、可靠、成熟；无频率限制	通信速度低；工作距离短（<10cm）；天线尺寸大
13.56MHz	与标准 CMOS 工艺兼容；和 125kHz 频段比有较高的通信速度和较长的工作距离；此频段在公交等领域应用广泛	距离不够远（最大 75cm 左右）；天线尺寸大；受金属材料等的影响较大
UHF（860~960MHz）	工作距离长（大于 1m）；天线尺寸小；可绕开障碍物，无需保持视线接触；可定向识别	各国都有不同的频段的管制；对人体有伤害，发射功率受限制；受某些材料影响较大
微波（2.45、5.8GHz）	除 UHF 特点外，更高的带宽和通信速率；更长的工作距离；更小的天线尺寸	共享此频段产品多，易受干扰；技术相对复杂；对人体有伤害，发射功率受限制

　　根据封装形状的不同，RFID 标签可分为卡式、扣式等。

　　综上，RFID 标签分类如图 2-4 所示。

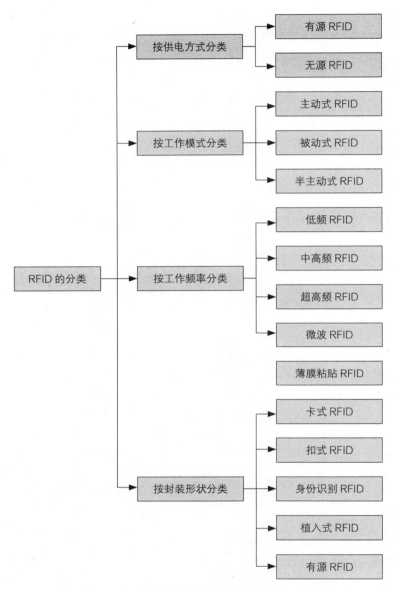

图 2-4　RFID 的分类

（三）RFID 与条形码的对比

一个小于 2mm×2mm，如同芝麻颗粒般大小的 IC 芯片，为这个社会带来了一股大型的变革风潮。从轻薄短小到厚重大长，运用在数不清的产品之中。RFID 与条形码和磁卡都有着同样的微电子基础，但它们又有很多不同的特性，在此作以对比（表 2-8）。

RFID 与条形码比较表　　　　　　　　　　表 2-8

功能	RFID	条形码
读取数量	可同时读取多个 RFID 卷标数据	条形码读取时只能一次一个
远距读取	RFID 不需光线就可以读取或更新	读条形码时需要光线
数据容量	储存数据的容量大 *1	储存数据的容量小
读写能力	电子数据可以反复被覆写（R/W）	条形码数据不可更新
读取方便性	智能标签可很薄、可隐藏在包装内仍可读取数据	条形码读取时需要可看见与清楚
数据正确性	可传递数据作为货品追踪与保全	条形码需要人工读取，有人为疏失可能性
最大通信距离	5～6m *2	50cm 左右
不正当之复制行为	非常困难	容易
坚固性	在严酷、恶劣与脏乱的环境下仍可读取数据	条形码污秽或损坏将无法读取，无耐久性
高速读取	可以进行高速移动读取	移动中读取有所限制
成本	高	非常低

注：1. 二维条形码为数千字节。
　　2. 受到电波法的规定，距离依国家和地区各有不同

　　RFID 与传统条形码最大的差异，在于它能够透过无线通信，一次将多个 RFID 自动读取完成，化被动为主动，此时几乎不需借助人力。但条形码及磁卡等，必须由人工将其置于读取机前，或是通过读取机的管道，一项一项地进行读取的动作。由于必须使用人力来进行此项作业，运用范围也自然变得狭隘。当然，也有自动化读取条形码的机器，但实际应用条形码进行定位及辨识的技术，必须花费庞大的费用。基于这项缺点，目前已开始着手对于许多物体装置 RFID 以传送信息的发展计划。而这种趋势，依据 RFID 信息发送来源的不同，大致可以分为三种：个人、物品、环境。

　　（1）由个人所发送的信息，是指个人的相关信息及电子钱包等。当人们带着记录有相关信息的 RFID 外出时，可以将自己的行动和记录等信息，传送至网络另一端的服务器。

　　（2）由物品所发送信息的方式，据推测将是以物流业为首的业界中，需求最大的运用方式。一旦正式采用这种系统，预估一年下来会产生数十亿至数千亿个产品的庞

大需求。部分企业甚至想象着未来的市场规模，认为："根据试算出的数字显示，全世界一年有数十兆个产品上市，即使 RFID 只装置在其中一部分的产品上，透过网络所联结的产品也会高达数兆个。"欧美大型的物流业为了追求效率化，已正式决定采用 RFID 的系统，也有许多单位正对于宅配服务及飞机上的随身行李等领域，评估 RFID 的可行性。

（3）当许多物品和个人相关信息一旦开始传送，周边的环境也将随之产生变化。例如，在街角的电线杆及步道、大楼墙面和地板等埋入 RFID，或是在街上设置 RFID 读取机，就可以传送信息至附近的网络。这种运用方法若加以扩大，或许就能建立一个"街上处处有信息"的环境。

RFID 是一种结合嵌入货品中的芯片、卷标、接收器、后端系统软件所形成的辨识技术，借由依附在货品上的芯片发出的无线电波，RFID 技术可以读取、写入物品信息，传统条形码须以人工手持读取器一个一个读取货品信息，但 RFID 却可以透过无线通信由计算机一次多个进行读取，更有甚者，RFID 可以结合网络，提供丰富的产品信息，将货品的详细信息，例如出货地点、制造商、生产地点、有效期限，以及采购日期等数据，流通的过程巨细靡遗地记录下来，不仅降低物流程序中出错的概率，更可以免去传统条形码须以人工盘点、通关或是结算的麻烦，其所提升的效率及节省的成本非常可观，参考表 2-9 之比较。全球零售业营业额 2 成、美国零售业营业额 8 成的 Wal-Mart 百货，已要求全球百余家供货商及相关厂商开会，在 2005 年年底前，Wal-Mart 所有商品条形码都要导入 RFID 技术，其所属供货商均须同时配合上线，而这个可能会改变全球物流业的生态。

人工登入、条形码与 RFID 处理速度比较表　　　　表 2-9

登入方式＼数据量	1 笔	10 笔	100 笔	1000 笔
人工登入	10s	100s	1000s	2h47min
扫描条形码	2s	20s	200s	33min
RFID 辨识	0.1s	1s	10s	1min40s

（资料来源：工研院经资中心）

（四）RFID 技术国际、国内编码标准

RFID 的国际编码体系或国际协议总共可分为三层，最外层就是 ISO 18000-1~7，

定义所使用的无线通信频道，此部分由国际标准组织 ISO 负责制定，较无问题。第三层则是界定数据与后端服务器沟通接口的整合，主要界定如何使 RFID 适用于不同的产业，如：制造业、零售业等，也无太多分歧。而第二层则是与储存在 Tag 内的数据结构相关以及无线通信接口协议（规定卷标与读取机之间如何通信）的定义，这也是目前规格最为分歧的协议。目前，世界上有两大主要团体在抢夺此协议的规格主导权，首先就是属于美系的 EPC global，主要是由美国麻省理工学院（MIT）所主导的 Auto-ID Center（现为 Auto-ID Labs）以及掌握条形码流通系统与标准的两大团体——美国的 Uniform Code Council 和比利时的 EAN International 在 2003 年所共同成立的非营利组织；另一组织则是由日本产业界在 2002 年 3 月所成立的 Ubiquitous ID Center，该组织并且在 2003 年相继公布所使用的技术规格，而包含凸版印刷、Hitachi 和 Renesas 等厂商亦推出符合该项标准的产品；而中国大陆借其身为世界制造工厂的优势，已于 2004 年 1 月宣称推出属于自身的 RFID 规格。

由于 13.56MHz RFID 技术发展较早，相关标准也较为成熟，主要的国际标准有 ISO/IEC 14443 和 ISO/IEC 15693 两种，国内 13.56MHz RFID 的标准也主要源自于这两个国际标准。相对 13.56MHz RFID 国际标准的成熟与广泛应用，UHF、微波频段 RFID 还没有明确统一的国际标准。但在近年，RFID 技术领先的国家和地区明显地加大了在标准制定上的投入，都在积极地制定各自的标准（表 2-10）。

世界主要 RFID 技术协议　　　　　　　　　　表 2-10

协议名称	主导机构	目前状况	采用厂商	发展策略	备注
Electronic Product Code（EPC）	EPC Global Inc	继 Wal-Mart 后，美国国防部（DoD）亦于 2004 年 7 月宣布采用此标准	Wal-Mart、HP、Matro Group、Tesco、DoD、Benetton Group、Gillette 等	在世界各地建立据点，积极向当地政府与产业界推销其标准	最有可能成为国际标准，目前为 Ver 1.1
Unique Ubiquitous Identific Ation Code（ucode）	Ubiquitous ID Center	大部分均为日系厂商，封闭色彩过重难以获得其他国际厂商的认同	Fujitsu、NEC、凸版印刷、Hitachi、Mttsubishi 等，绝大多数为日系厂商	1. 向 ISO 等组织提出申请成为国际标准 2. 由成员厂商在国内推行，以累积实际应用经验与降低 RFID 成本 3. 积极与中国及韩国结盟，拓展影响力	由于国际接受程度不高，极有可能成为仅在日本国内使用之规格

续表

协议名称	主导机构	目前状况	采用厂商	发展策略	备注
电子卷标国家标准	中国国家标准化管理局—中国电子卷标国家标准工作组	仍在标准发展阶段，2004年年底公布	无	虽然中国方面一再宣称将发展自己的标准，但以目前的发展进度以及该组织仍不断与上述两大组织进行对话来看，中国极有可能以此为筹码，企图在国际标准成形的过程中扮演关键角色	最终有可能成为上述标准的一部分

目前，国外主要有三个标准正在制定中：ISO/IEC 18000 标准、美国 EPC Global 的标准和日本泛在中心（Ubiquitous ID Center）的标准。这些标准（组织）都在积极进入中国，在中国设立代理机构，网罗各自的企业利益群体，都希望能够影响到中国 UHF 频段的 RFID 标准的制定，为日后在广大的中国市场的竞争中，赢得标准上的先机。

中国曾于 2004 年年初成立了"电子标签标准工作组"，后因相关机构之间的工作重复而暂停，现由信息产业部牵头，15 个部委参与并恢复了工作。其原则是：RFID 数据内容标准、RFID 技术标准和 RFID 性能标准等三类标准采取与国际标准兼容，以保证标签和识读器的通用性。而在 RFID 应用标准制定方面，则要充分考虑中国国情和利用中国市场的优势，适当参考其他全球组织目前已经制定的标准，制定出符合中国市场的新标准。

一家有麦德龙、汇丰银行、软银等股东背景的系统集成商——实华开电子商务集团，研发了第一个多语言文种的读写器和多制式编码软件（包含日本 UID、欧美 EPC 和中国编码），可以在同一个标签上集中几种代码，并在 2004 年年底推出"卫东一号"RFID 首个用于汽车的产品。实华开还联合国际标准化组织（ISO）在中国举办了"全球"供应链与物流 RFID"标准"工作会议，通过了在集装箱和托盘上应用 RFID 技术的标准草案，体现了企业对推进 RFID 的积极性。

（五）RFID 技术展望

RFID 芯片设计与制造技术的发展趋势是芯片功耗更低，作用距离更远，读写速度与可靠性更高，成本不断降低。芯片技术将与应用系统整体解决方案紧密结合。RFID 技术与条码、生物识别等自动识别技术，以及与互联网、通信、传感网络等信息技术融合，构筑一个无所不在的网络环境。海量 RFID 信息处理、传输和安全对 RFID 的系统集成和应用技术提出了新的挑战。RFID 系统集成软件将向嵌入式、智能化、可重组方向发展，通过构建 RFID 公共服务体系，将使 RFID 信息资源的组织、管理和利用更为深入和广泛。

四、传感器技术

传感器是物联网最重要的基础之一，可以认为之前的条码技术、磁卡技术和 RFID 技术是传感器的一种，但传感器更加强调了互动的感念，不仅仅是感知，还有回馈，没有传感器就谈不上物联网。传感器是感知层技术的关键，但在应用中传感器多以多传感器共同构成的无线传感器网络形式存在。

（一）传感器概述

在新韦式大词典中，"传感器"的定义为："从一个系统接收功率，通常以另一种形式将功率送到第二个系统中的器件"。根据这个定义，传感器的作用是将一种能量转换成另一种能量形式，所以不少学者也用"换能器（Transducer）"来称谓"传感器（Sensor）"。在此，我们主要指前者。

（二）传感器分类

如果将传感器与人类的五官相对应，那么光敏传感器对应视觉；声敏传感器对应听觉；气敏传感器对应嗅觉；化学传感器对应味觉；压敏、温敏、流体传感器对应触觉。

与传感器的分类相对应，传感器的标准多产生于物理、化学、生物领域，输入难以统一标准，但输出可以朝着标准化的方向发展。

（三）传感器技术展望

近年来，传感器正处于传统型向新型传感器转型的发展阶段。新型传感器的特点是微型化、数字化、智能化、多功能化、系统化、网络化和综合化，它不仅促进了传统产业的改造，而且可导致建立新型工业和军事变革以及整个社会的升级，是 21 世纪新的经济增长点。

未来传感器技术的突破，基础研究方面需要微电子技术、激光技术、纳米技术及被传感方专业技术的突破，应用上聚焦于微机电系统的创新和突破。相信通过

"十二五"重要的发展期中国传感器技术将有进一步跃升，逐步缩短与世界先进传感器技术国家间的差距。

五、微电子技术

从 IC 卡到 RFID 再到传感器，其技术核心都是芯片的设计和集成，而任何一种数据获取设备的发展，说到底都是电子器件的发展，微电子技术是感知层技术发展的核心技术，是物联网发展的基石。微电子技术的发展需求和方向，代表了感知层技术的发展需求和方向，也代表了物联网技术发展的需求和方向。

（一）微电子技术发展概述

微电子技术是使电子元器件功能化，电子设备微小型化的技术，其核心就是集成电路，本质上是最先进的晶体管——外延平面晶体制造工艺的延续（表 2-11）。

微电子十年一代的技术进步　　　　　　　　表 2-11

	第一代	第二代	第三代	第四代	第五代
时间（每代 10 年）	1975～1985 年	1985～1995 年	1995～2005 年	2005～2015 年	2015～2025 年
主流光刻技术光源	g 线	i 线	准分子激光	浸渍＋叠图	EUV，EPL
光源波长（nm）	436	365	248	193	13.5
特征尺寸（μm）每代缩小约 1/3	≥ 1	1～0.35	0.35～0.065	0.065～0.022	0.022～0.007
DRAM 主流产品 Bit 数	＜ 4M	4～64M	64M～1G	1G～16G	＞ 16G
CPU 代表产品	8086～386	Pentium Pro	P4	多核架构，突破功耗	—
CPU 晶体管数	10^4～10^5	10^6～10^7	10^8～10^9		—
CPU 时钟频率（MHz）每代增 10 倍	（2～33）10^0～10^1	（33～200）10^1～10^2	（200～3800）10^2～10^3	非主频衡量标准	—
Wafer 直径（in）	4～6	6～8	8～12	12～18*	—
主流设计工具	LE～P&R	P&R～Synthesis	Synthesis～DFM	SoC	—
主要封装形式	DIP	QFP	BGA	SiP	—

（资料来源：王阳元院士研究报告）

1975 年以前，微电子技术的发展处于发明与初步发展阶段，1975 年以后，微电子技术基本维持了十年一代的技术进步并有继续加速的趋势。从具体技术看，50 年来集成电路特征尺寸不断缩小，45nm 已进入产业化阶段，22~32nm 工艺已基本定型，集成度从 101 增加到 109，集成电路上晶体管价格下降至最初的 1/108，晶圆直径增加了 12 倍，MPU 集成度 24 个月翻一番，存储器集成度 18 个月翻一番，基本上遵循了 Intel 公司创始人之一的 Gordon E. Moore 1965 年预言的摩尔定律[1]，工艺技术的进展对 IC 集成度的提高。

（二）微电子技术未来的发展趋势

纵观 21 世纪微电子技术的发展，将延续、扩展和跨越摩尔定律：①延续摩尔定律：即继续缩小 CMOS 器件的工艺特征尺寸、提高集成度，发展系统集成芯片（SOC）；②扩展摩尔定律：即不一味追求缩小特征尺寸，而是通过系统封装（SiP）等方法实现功能多样化；③跨越摩尔定律：即超越 CMOS，探索新原理、新结构和新材料，向纳米器件方向发展，如自旋电子、单电子、量子、分子器件等。

（三）微电子技术的突破口展望

微电子技术未来的突破口，也代表了感知层技术未来的发展方向，具体来讲需要在以下既相互联系又相互区别的几个方面寻求技术突破。

1. 器件的特征尺寸继续缩小

缩小特征尺寸可以提高集成度，从而不断提高产品的性能 / 价格比，是微电子技术发展的动力。器件特征尺寸的不断缩小会遇到如表 2-12 所示的各种问题的挑战及技术突破需求。

特征尺寸缩小的挑战与技术突破需求　　　　表 2-12

特征尺寸缩小的挑战	相应的技术突破需求
Soursce 中的 SCE& 串联电阻、接触电阻问题	超浅结技术、提升源漏、肖特基源漏等
Substrate 的 Band-to-band 隧穿、SD 直接隧穿、迁移率退化问题	应变沟道技术，高迁移率材料

---

[1]　摩尔定律内容：芯片上可容纳的晶体管数目每 18 个月便可增加一倍，即芯片集成度 18 个月翻一番，这视为引导半导体技术前进的经验法则。

续表

特征尺寸缩小的挑战	相应的技术突破需求
栅的问题：Gate 的栅多晶硅耗尽效应，栅寄生电阻，如何有效控制 Vth；栅介质结构与厚度问题，漏电电流增加，可靠性降低等	金属栅，高 K 栅介质，增强栅的控制能力，双栅/多栅器件
铜互连与低介电常数绝缘材料共同使用的可靠性问题	Cu 互连技术中的铜/扩散阻挡层/低介电常数体系，互连结构模拟与设计，电路级三维铜互连架构，光互连、射频互连等全新信息传输方式
16nm 后	新光刻技术

2. 新材料的应用

目前，芯片的主要制造材料是硅，随着器件特征尺寸的不断缩小，会受到物理极限的限制，寻找新的器件材料也是微电子技术发展的必然趋势。如图 2-5 所示，未来芯片可能将使用金属而不是硅作栅极，并使用"高 k 栅介质"（高介电值栅介质）取代已经使用了数十年的二氧化硅，克服业界困扰的晶体管漏电问题。碳纳米管、石墨烯等都有可能成为新的芯片制造材料。

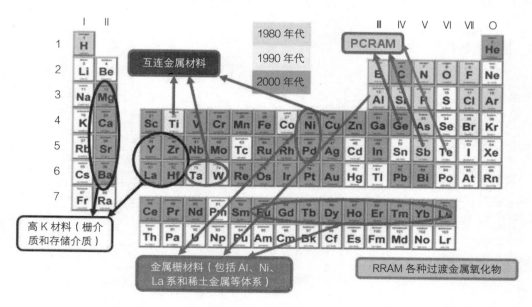

图 2-5　新器件材料

（资料来源：Kristin De Meyer, J.P.Colinge 2008 IEDM, and Kang JinFeng IMEPKU）

3. 系统集成芯片（SOC）

SOC 是微电子设计领域的一场革命，目前 SOC 正在逐渐替代 Non-SOC，21 世纪是 SOC 真正快速发展的时期。发展 SOC 要从两个方面进行突破。第一，是软、硬件的协同发展：软件是整机系统运行的灵魂，设计性能良好的软件系统是 SOC 发展的必然要求。第二，是要突破 IP 核技术：IP 核分三种，即软核、固核和硬核。软核主要是功能描述，固核主要为结构设计，硬核是基于工艺的物理设计，使用价值最高，也最有创新意义。同时，IP 模块间的胶联逻辑技术以及 IP 模块综合分析及实现技术也亟待技术的新突破。

4. 绿色微电子技术

随着集成电路应用的不断推广，产量的不断提高，功耗问题越来越凸显。2007 年，全球集成电路总功耗按产量和相应功耗估算，已逐步接近照明用电总功耗（约占总发电量的 10%）。Pentium 的功率密度已经超过电炉。高温将对集成电路的高频性能、漏电和可靠性劣化产生巨大影响。如不开发绿色集成电路，则会向核反应堆的功率密度发展，后果不堪设想。

功耗已经严重制约了微电子技术的发展，也对人类生存环境产生威胁。发展绿色微电子技术，进一步降低功耗，建立技术与人类社会共生态，是微电子技术发展的必然趋势，迫切期待技术的新突破。新材料、新工艺的应用，生物芯片等的研制，都是发展绿色微电子技术的有效途径，环境污染指数应该作为重要指标纳入技术评估体系。

5. 新器件的突破

从制作方法的角度讲，采用 Bottom-up 研究的各种器件如量子器件、基于自组装的原子和分子器件，1D 结构的（如碳纳米管、纳米线）器件等有望在 21 世纪上半叶实现重大突破，但是，现有的各种器件都存在着不同程度的困难。比如纳米管 / 纳米线（CNT/NW）具有高迁移率、集成密度高、易形成不同结构的优势，但存在难以大规模集成、精确定位性不好、源漏接触问题等问题。分子器件具有自组装、集成密度高、低开关能量等优势，但存在可控性、稳定性等问题。单电子器件（SET）功耗低、集成密度高，但抗噪声能力低、扇出能力低。在逾越困难的过程中，有可能会出现全新的信息器件。最有希望突破的是新型存储器和传感器。具体来讲，比如双掺杂浮栅（DDFG）闪存存储器件，垂直结构双氮化层只读存储器件（VDNROM），基于垂直双栅结构和双层陷阱层结构的 VDNROM 器件等。与其他新型存储器技术相比，PCRAM 被认为是新一代 NVM 技术的主要候选者，同时 RRAM 被认为是最有发展潜力和成为通用存储器的候选者。

Scaling down 的挑战和 Bottom～up 的发展，为微电子未来的发展带来新的机遇，期待新器件结构、新互连、新材料、新设计方法的突破，或者随着物理、数学、化学、生物等新的发现和技术突破，另辟蹊径，建立新形态的信息科学技术及其产业。

第二节
网络层技术——物联网的神经

所谓网络是指信息接收、传播和共享的虚拟平台，物联网的网络层，就像它的传输神经，担任着信息通信和路径控制的功能。通过网络层技术，可以将各个感知点串成线、连成片、构成感知子系统；通过网络层技术，可以将感知到的信息传递给具有分析功能的"大脑"，并可将反馈信息传递到相应感知点；通过网络层技术，可以实现各种异地、异类感知系统的实时共享。

从网络技术的发展进程看，网络技术大致是沿着三条主线在演变与发展。第一条主线是互联网技术，第二条主线是无线网络技术，第三条主线是网络安全技术（图2-6）。

物联网是互联网的延伸，互联网技术的发展，特别是硬件技术的发展是物联网网络层技术的基础；无线网络技术的发展直接关系物联网各层之间的传递与连接，是物联网网络层技术的核心；而网络安全技术的发展，是所有网络技术得以生存和发展的前提，也是物联网网络层技术得以实现的保障。

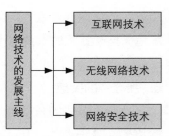

图2-6　网络技术发展主线

一、互联网技术

计算机网络技术是计算机技术和通信技术高度发展、交叉融合的产物。ARPANET（阿帕网）研究的成功标志着广域网技术的成熟，并进入应用阶段，从此拉开了互联网技术的序幕。在 ARPANET 演变到互联网的过程中，强烈的社会需求促进了广域网、城域网与局域网技术、协议的研究与产业的发展与成熟。如图 2-7 所示，到目前为止，互联网的发展大致分为三个阶段：

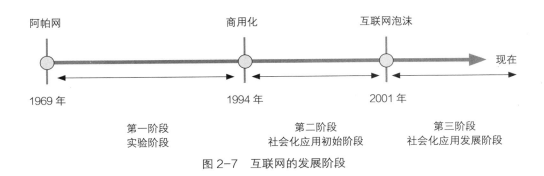

图 2-7　互联网的发展阶段

第一阶段，从 1969 年到 1994 年，属于实验阶段，此阶段发生的主要事件包括：1969 年美国国防部建立分组交换网——阿帕网；1983 年采用了 TCP/IP 协议，开始成为"互联网"；1986 年美国国家科学基金会建立了教育科研互联网。此阶段的特点是政府出资、免费使用、网络规模小、速率低、操作复杂，主要应用于文件传输和电子邮件传送。

第二阶段，从 1994 年到 2001 年，属于社会化应用的初始阶段，此阶段发生的主要事件包括：1994 年美国允许商业资本介入；万维网（WWW）技术开始应用；2000～2001 年出现互联网泡沫。此阶段的特点是网络扩张、用户增加、大批网站出现，缺乏盈利模式，过度投机。主要应用于浏览网页和收发电子邮件等。

第三阶段，从 2001 年至今，属于社会化应用发展阶段。在此阶段，已经经历了宽带、无线移动通信技术迅速发展；Web 2.0 的出现和应用：如博客、播客、维客等；普通用户可以成为网络内容的提供者，网络内容激增；以及 VoIP、IPTV 等融合业务开始出现和发展等过程。呈现出网络和用户规模持续快速增加、互联网企业迅速成长的特点。在此阶段电子商务、电子政务和远程教育等应用逐渐普及；互联网已经逐步渗入金融、商贸、公共服务、社会管理、新闻出版、广播影视等各个领域。

（一）互联网技术的新挑战

物联网作为互联网的延伸，将继承互联网的网络连接技术，但由于物联网本身的特点，注定了它将对互联网的发展提出新的要求。就网络连接和应用技术角度看，在互联网向物联网的过渡阶段，将遇到以下技术挑战：

第一，首当其冲的就是 IP 地址资源的匮乏与短缺：要将任何物体都接入互联网就意味着每一个物体都需要一个 IP 地址，这将使本已不堪重负的 IP 地址资源捉襟见肘。将现行的寻址和路由技术由 IPV4 向 IPV6 转变是物联网发展的必然需求和挑战。

第二，带宽的短缺：如今，Internet 已经开通到全世界大多数国家和地区，每时每刻都可能有新的结点接入互联网，而在物联网时代，结点的接入更会发生井喷式的发展，现有带宽将严重不足，对接入网技术提出挑战。研究光纤通信与光传输网技术也许是应对此挑战的有效途径。

第三，三网融合，形成跨行业技术的博弈与合作：电信网、计算机网和有线电视网的三网融合，是互联网发展的必然趋势，也为物联网发展提供了更广泛的平台。三网融合要求原本异构的三种网络技术趋向一致，网络层上可以实现互联互通，形成无缝覆盖，应用层上趋向使用统一的 IP 协议。MPLS 技术是三网融合及下一代网络发展的关键需求。

（二）互联网关键技术

在物联网时期，要完成互联网向物联网技术的过渡，必须逐步解决以上提到的互联网技术的挑战，具体来讲，要关注以下技术的发展。

1. IPV6 技术

IPV6 是"Internet Protocol Version 6"的缩写，它是 IETF 设计的用于替代现行版本 IP 协议——IPV4 的下一代 IP 协议，指能够无限制地增加 IP 网址数量、拥有巨大网址空间和卓越网络安全性能等特点的新一代互联网协议。如果说 IPV4 实现的只是人机对话，那么 IPV6 则扩展到任意事物之间的对话，正好迎合物联网的发展需要。它不仅可以为人类服务，还将服务于众多硬件设备，如家用电器、传感器、远程照相机、汽车等，它将成为无时不在、无处不在的深入社会每个角落的真正的宽带网，会带来非常巨大的经济效益。

IPV6 包由 IPV6 包头（40 字节固定长度）、扩展包头和上层协议数据单元三部分组成。

IPV6 的出现可以从技术上一劳永逸地解决实名制这个问题，因为那时 IP 资源将不再紧张，运营商有足够多的 IP 资源，那时候，运营商在受理入网申请的时候，可以直接给该用户分配一个固定 IP 地址，这样实际就实现了实名制，也就是一个真实用户和一个 IP 地址的一一对应，也就使物联网的实现成为可能。

当然，IPV6 并非十全十美、一劳永逸，不可能解决所有问题。IPV6 只能在发展中不断完善，也不可能在一夜之间发生，过渡需要时间和成本，但从长远看，IPV6 有利于互联网的持续和长久发展。目前，国际互联网组织已经决定成立两个专门工作组，制定相应的国际标准。

IETF（国际互联网工程任务组）关于 IPV6 的工作开始于 1990 年，目前中国主要还是在使用 IPV4 技术，其核心技术属于美国。2011 年 6 月 8 日，互联网产业界迎来了全球首个"世界 IPV6 日"，来自全球的领先互联网企业、电信设备制造商在这一天举办了第一次全球性规模的 IPV6 实验，以鼓励整个产业向 IPV6 演进。而业界也将"IPV6 日"视为 IPV6 新的起点。日本、韩国、美国和欧洲是发展 IPV6 比较典型的国家和地区，6Bone 是世界上成立最早也是迄今规模最大的全球范围的 IPV6 示范网，中国是 IPV6 研究工作启动较早的国家之一，中国政府对 IPV6 在中国的发展也高度重视。"下一代互联网中日 IPV6 合作项目"也已经于 2002 年启动。2011 年 6 月 8 日，以"抓住机遇、迎接 IPV6 时代"为主题的"推进 IPV6 研讨会"在北京召开，会议集中检阅中国在 IPV6 研究领域的最新成果，并审视了存在问题。会上，专家指出"基于 IPV6 地址资源的下一代互联网域名平台，将成为中国下一代互联网建设、推动中国新兴战略产业发展的基础设施保障。"

2. 光纤通信与光传输网技术

如果把网络传输介质的发展作为传输网络的划分标准的话，可以将以铜缆与无线射频作为主要传输介质的传输网络作为第一代，以使用光纤作为传输介质的传输网络作为第二代，在传输网络中引入光交换机、光路由器等直接在光层配置光通道的传输网络称为第三代，也就是光传输网络。

1）光纤通信

光纤是光导纤维的简称，光纤通信技术是世界新技术革命的重要标志，也是信息社会中各种信息传输的主要工具。光纤通信是以光波作为信息载体，以光纤作为传输媒介的一种通信方式。

虽然光纤通信的发展历史不长，但已经经历了三代，分别为：短波长多模光纤、长波长多模光纤和长波长单模光纤。目前，美、日、英、法等 20 多个国家已宣布不再建设电缆通信线路，而致力于发展光纤通信。中国的光纤通信也已进入实用阶段。随着互联网进入物联网时代，光纤到家庭（FTTH）的发展是社会发展的必然。

2）光传输网络

互联网业务正在呈指数规律逐年增长，与人们视觉有关的图像信息服务，如电视点播（VOD）、可视电话、数字图像（DVD）、高清晰度电视（HDTV）等宽带业务迅速扩大，远程教育、远程医疗、家庭购物、家庭办公等也在蓬勃发展，这些都必须依靠高性能的网络环境的支持。但是，如果完全依靠现有的网络结构，必然会造成业务拥挤和带宽"枯竭"，从而促进了新一代网络——全光网络的诞生。

1998 年 ITUT 提出了用"光传输网络"概念取代"全光网络"的概念，因为要在整个计算机网络环境中实现全光处理是困难的。经过了 40 多年的发展，光通信继准同步数字体系（PDH）、同步数字体系（SDH）等数字传输体系后，近年来陆续出现了多业务传输平台（MSTP）和自动交换光网络（ASON）等新技术。从总体来看，光网络技术的发展趋势，体现在三个方面：在形态上，走向传输与交换的融合；在硬技术上，走向全光网；在软技术上，走向智能网。

专栏 2-1

光传输网在 3G 网中的解决方案

3G 标准有 WCDMA、TD-SCDMA、CDMA2000 这三种。其中，WCDMA 和 TD-SCDMA 的标准由 3GPP 制定，两者区别主要在空中接口，网络的逻辑架构基本相同。

3GPP R4 网络结构中移动交换服务器（MSCServer）主要完成对信令和呼叫控制的处理，媒体网关（MGW）提供语音流的处理及与外部网络的互连，通用分组无线业务服务支持节点（SGSN）主要完成终端和网关通用分组无线业务支持节点（GGSN）之间分组数据的发送、接收及相关控制，GGSN 是和外部分组交换网相连的网关，无线网络控制器（RNC）控制 Node B 为用户提供从空中到核心网的传输通道。

3G 传输网可以分为接入传输网络和核心传输网络。其中，接入传输网络承担 RNC 和 Node B 之间的业务的接入和传送功能，核心传输网络承担 RNC、MSCServer/MGW、GMSCServer/MGW、SGSN、GGSN 间的传输。由于 RNC 一般与核心网节点设备共址，也统一规划到核心传输网络。

光传输网络的相关技术主要包括全光交换、光交叉连接、全光中继和光复用 / 去复用等。

PTN（Packet Transport Network，分组数据传送网）技术是继 PDH、SDH、DWDM、ASON 之后，光传输网络发展的趋势。它目前遇到的最大问题是标准化的制定，技术没有标准化，厂家按各自的标准去定义和生产设备，这在厂家间会存在互联互通和兼容性的问题，用户顾忌这些问题也不敢大规模地商用，PTN 设备只有在标准化制定完毕后才会有快速的发展和商用。目前，中国 PTN 设备主要由三大光通信系统制造商华为、中兴和烽火制造。

3. MPLS 技术

MPLS 是 MultiProtocol Label Switching 的缩写，即多协议标签转换，被业界认为是当今数据网络领域内最有前途的网络解决方案之一，它是多个厂商共同研究的产物。它把流量工程和 QoS 应用于 IP 网络，根据业务 QoS 的要求建立类似于 VC 的通道并用这些通道转发数据，充分利用网络资源；它解决了 IP/ATM 之间的互通性和可扩展性，建立了通用操作的典范，彻底解决了"n^2"问题；它便于在 IP 网络中提供 VPN 业务，使用类似于 VC 的通道来隔离数据。MPLS 技术可以促成电信网、计算机网和有线电视网在网络层的融合，是物联网发展的关键技术。

已经成功部署 MPLS 网络的全球性的大型网络运营商包括：MCIworldcom、Equant、NTT、AT&T、Qwest、Korea Telecom、France telecom、Swisscom 等。在亚太地区，包括：AAPT、Asia Online、AT&T Asia Pac、Cable & Wireless Optus、China Netcom Corporation Ltd、China Telecom、Chunghwa Telecom、HiNet、Clear Communications、COMindico、Concert、Connect.com、Davnet、daytraderHQ.com、Digital Island、Diyixian.com、Eastern Broadband Telecom、Infonet Services、Interpath、Ji Tong Communications、MAXIS、NACIO Systems、PLDT、Primus、Sichuan Public、Information Industry、SITA、TNZ、TISNet、TMI、Walker Wireless、Worldcom 等区域性电信运营商也都部署了它们的 MPLS 网络。

（三）互联网技术展望

物联网时代，互联网的技术需求主要为了解决互联网地址资源匮乏、带宽不足与三网融合的技术挑战，具体来讲包括 IPV6 技术、光网络技术和 MPLS 技术及其内部的分支技术。

总体来说，IPV6 技术作为 NGI（下一代互联网）、NGN（下一代网络）和 3G（第三代移动通信）的基础之一，在电信和电子领域有着极其重要的地位，是物联网技术发展的基础，是抢占物联网发展制高点的关键所在。2011 年年初 ICANN 宣布最后一批 IPV4 地址资源分配完毕，也使得 IPV6 的发展尤为重要。今后，无状态地址分配中的安全问题、移动 IPV6 中的绑定缓冲安全更新问题、流标签的安全问题、全球传播技术研究等问题还需要攻关解决。IP 地址分配原则是"先到先得，按需分配"，IPV4 地址问题一直困扰着我们，我们也一直说 IPV6 是我们的一次难得的发展机遇，然而目前在地址分配问题上，机会就在面前，中国却面临着严峻的挑战和再次落后的危险。因此，中国的地址申请工作已经刻不容缓，运营商和 ISP 们应该立即行动，各自申请所需地址，或者由国家宏观指导，CNNIC 出面，统一申请，以免再次出现被动局面，影响中国物联网及其相关产业的发展。当然，产业链上的各方也应积极参与，争取抓住从 IPV4 到 IPV6 过渡的良好时机发展壮大。

随着信息技术的发展，特别是物联网时代的到来，全光网络吸引了全球的眼光，一些发达国家都对全光网络的关键技术（例如设备、部件、器件和材料）开展研究，加速推进产业化和应用的进程，比如美国和欧洲。全光网络已经被认为是未来通信网向宽带、大容量发展的首选方案。目前来看，中国对全光网络的应用，还需要先普及光纤通信作为过渡，并在完善产业链的基础上，加强光传输的基础研究。光纤通信和光传输网技术无疑将是物联网数据传输的"高速公路"。

MPLS 的发展前景很乐观，但目前 QoS 问题还有待进一步提高，安全问题需加强，另外需要进一步提高标准化程度，解决多厂家设备的互通性问题。

二、无线网络技术

无线网络是网络技术研究与发展的另一条主线，它的研究、发展与应用对物联网的发展具有更加重要的影响。基于物联网的发展需求，本书将沿着无基础设施的无线网络技术路线进行分析和阐述。

（一）无线自组网技术

无线自组网是一种可以在任何时间、任何地点迅速构建的移动自组织网络。无线自组网结点具有报文转发能力，结点间的通信可能要经过多个中间结点的转发，即经过多跳（MultiHop），这是无线自组网与其他移动网络的最根本区别。结点通过分层的网络协议和分布式算法相互协调，实现了网络的自动组织和运行，因此也被称为多跳无线网（MultiHop Wireless Network）、自组织网络（SelfOrganized Network）或无固定设施的网络（Infrastructureless Network）。1991 年 5 月，IEEE 802.11 标准委员会正式采用"Ad Hoc 网络"一词来描述这种特殊的对等式无线移动网络。

无线自组网在应用需求、协议设计和组网方面都与传统的 802.11 无线局域网和

802.6 无线城域网有很大的区别，因此，无线自组网技术的研究有它的特殊性。无线自组网关键技术的研究主要集中在五个方面。

1. 信道接入技术的研究

信道接入是指如何控制结点接入无线信道的方法。信道接入方法研究是无线自组网协议研究的基础，它对无线自组网的性能起决定性作用。无线自组网采用"多跳共享的广播信道"，当一个结点发送数据时，只有最近的邻结点可以收到数据，而一跳以外的其他结点无法感知。但是，感知不到的结点会同时发送数据，这时就会产生冲突。多跳共享的广播信道带来的直接影响是数据帧发送的冲突与结点的位置相关，因此冲突只是一个局部的事件，并非所有结点同时都能感知冲突的发生，这就导致基于一跳共享的广播信道、集中控制的多点共享信道的介质访问控制方法都不能直接用于无线自组网。因此，"多跳共享的广播信道"的介质访问控制方法很复杂，必须专门研究特殊的信道接入技术。

2. 路由协议的研究

Ad Hoc 路由面临的主要挑战是传统的保存在结点中的分布式路由数据库如何适应网络拓扑的动态变化。Ad Hoc 网络中多跳路由是由普通节点协作完成的，而不是由专用的路由设备完成的。因此，必须设计专用的、高效的无线多跳路由协议。目前，一般普遍得到认可的代表性成果有 DSDV、WRP、AODV、DSR、TORA 和 ZRP 等。至今，路由协议的研究仍然是 Ad Hoc 网络成果最集中的部分。

3. 服务质量的研究

Ad Hoc 网络出现初期主要用于传输少量的数据信息。随着应用的不断扩展，需要在 Ad Hoc 网络中传输多媒体信息。多媒体信息对时延和抖动等都提出了很高要求，即需要提供一定的 QoS 保证。Ad Hoc 网络中的 QoS 保证是系统性问题，不同层都要提供相应的机制。目前，研究工作都属于开始阶段，很多协议研究仅考虑到可用性和灵活性，在协议执行效率方面还有很多工作要进行。

4. 多播技术的研究

用于互联网的多播协议不适用于无线自组网。在无线自组网拓扑结构不断发生动态变化的情况下，结点之间路由矢量或链路状态表的频繁交换，将会产生大量的信道和处理开销，并使信道不堪重负。因此，无线自组网多播研究是一个具有挑战性的课题。目前，针对无线自组网多播协议的研究可以分为两类：一是基于树的多播协议的研究，一是基于网的多播协议。

5. 安全技术的研究

从网络安全的角度看，无线自组网与传统网络相比有很大的区别。无线自组网面临的安全威胁有其自身的特殊性，传统的网络安全机制不再适用于无线自组网。无线自组网的安全性需求除与传统的网络安全一样外，还有适用其特殊性的研究需求。

无线自组网技术逐渐成熟并进入实际应用阶段，但通常还是局限于军事领域，在民用领域的应用还是一个研究课题。如图 2-8 所示，无线自组网脱胎于无线分组网，目前的技术趋势朝两个方向发展，一是向军事和特定行业发展和应用的无线传感器网络；另一个是向民用接入网领域发展的无线网状网。

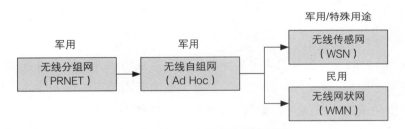

图 2-8　无线自组网的发展关系

具体技术上，无线自组网是一种新颖的移动计算机网络的类型，它既可以作为一种独立的网络运行，也可以作为当前具有固定设施网络的一种补充形式。其自身的独特性，赋予其巨大的发展前景。在无线自组网的研究中还存在许多亟待解决的问题：设计具有节能策略、安全保障、组播功能和 QoS 支持等扩展特性的路由协议，以及无线自组网的网络管理等。今后将重点致力于无线自组网中网络监视、节点移动性管理、抗毁性管理和安全管理等方面的研究。

（二）无线传感器网技术

无线传感器网络是由部署在检测区域内的大量的、廉价的微型传感器结点组成，通过无线通信方式形成的一个多跳的、自组织的无线自组织网络，其目的是将网络覆盖区域内感知对象的信息发送给观察者。Zigbee 技术是 WSN 的热门研究领域，而无线传感器网络的关键技术突破也是未来物联网时代国家技术需求领域。

　　单个传感器、感知对象和观察者构成无线传感器网络的三个要素。如图 2-9 所示，无线传感器网络由三种结点组成，即传感器结点、汇聚结点和管理结点。大量传感器结点随着部署在监测区域内部或附近，这些结点通过自组织方式构成网络。传感器结点监测的数据沿着其他传感器结点传输，在传输过程中监测数据可能被多个结点处理，数据在经过多条路由后到达汇聚结点，最后通过互联网或卫星通信网络传输到管理结点。拥有者通过管理结点对传感器网络进行配置和管理，发布监测任务以及收集监测数据。

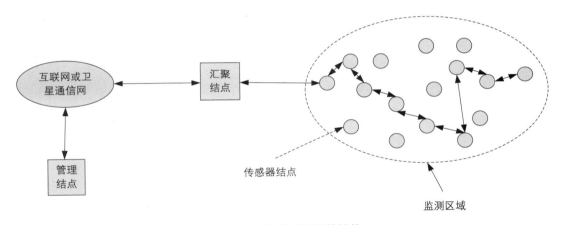

图 2-9　无线传感器网络结构

　　传感器结点通常是一个微型的嵌入式系统，它的处理能力、存储能力和通信能力相对较弱，通过自身携带的能量有限的电池来供电。从网络功能上来看，每一个传感器结点兼顾传统网络结点的终点和路由器双重功能，除了进行本地信息收集和数据处理之外，还要对其他结点转发来的数据进行存储、管理和融合等处理，同时与其他结点协作完成一些特定任务。传感器结点的软硬件技术是物联网感知层的研究焦点之一。

　　汇聚结点的处理能力、存储能力和通信能力相对较强，它连接传感器网络与互联网等外部网络，实现两种协议栈的通信协议之间的转换，同时发布管理结点的监测任务，并将收集到的数据转发到外部网络上。汇聚结点既可以是一个具有增强功能的传感器结点，有足够的能量提供给更多的内存与计算资源，也可以是没有监测功能仅带有无线通信接口的特殊网关设备。

　　Zigbee 技术是一种低数据传输速率的短距离无线通信技术，其出发点是希望发展一种拓展性强、容易布建的低成本无线网络，强调低功率、双向传输和感应功能等特色。作为一种无线连接，Zigbee 可工作在 2.4GHz（全球流行）、868MHz（欧洲流行）和 915 MHz（美国流行）3 个频段上，分别具有最高 250kbit/s、20kbit/s 和 40kbit/s 的传输速率，它的传输距离在 10～75m 的范围内，但可以继续增加。作为一种无线通信技术，Zigbee 具有低功耗、低成本、时限短、网络容量大、可靠、安全等特点。

　　Zigbee 技术在 Zigbee 联盟和 IEEE 802.15.4 的推动下，结合其他无线技术，可以实现无所不在的网络。它不仅在工业、农业、军事、环境、医疗等传统领域具有巨大的运营价值，在未来其应用可以涉及人类日常生活和社会生产活动的所有领域。由于各方面的制约，Zigbee 技术大规模商用还有待时日，但已经展示出非凡的应用价值，相信随着相关技术的发展和推动，一定会得到更大的应用。但是，我们还应该清楚地看到，基于 Zigbee 技术的无线网络才刚刚开始发展，它的技术和应用都还不够成熟，国内企业应该抓住商机，加大投入力度，推动整个行业的发展。

　　无线传感器网络研究的主要问题包括网络协议、定位技术、时间同步、数据融合、数据管理、嵌入式操作系统和网络安全等。未来主要需要攻克及深入研究如下技术。

1. 路由器协议的设计

　　与传统的网络路由协议的设计思想相比，无线传感器网络的路由协议的侧重点在于：能量优先、基于局部的拓扑信息、以数据为中心以及与应用相关的因素。设计路由协议必须首先考虑如何在有限能量的前提下，延长无线传感器网络生存期。为了节约能量，每个结点不能进行大量的数据计算，因此路由器生成只能限制在局部拓扑信息上。无线传感器网络中的很多结点分布在感兴趣的地区，部署者关心的是被监测区域的大量结点的感知数据，而不是个别结点获取的数据。路由协议必须考虑对感知数据的需求、数据通信模式与数据流向，以便形成以数据为中心的转发路径。同时，无线传感器网络实际应用场景和要求区别很大，设计者必须针对具体的应用需求去考虑路由协议。因此，无线传感器网络的路由协议设计应该满足：能量高效、具有可扩展性、鲁棒性和能快速收敛。

2. 定位技术研究

　　在传感器网络中，位置信息对传感器网络的监测活动至关重要，它是事件位置报告、目标跟踪、地理路由、网络管理等系统功能的前提。事件发生的位置或获取信息的结点位置，是传感结点监测报告中所包含的重要信息，没有位置信息的监测报告往往毫无意义。位置信息可以用于目标跟踪，实时监视目标的行动路线，预测目标的前进轨迹等。结点位置的定位是传感器网络的基本功能之一。

3. 时间同步技术

分布式系统通常需要一个表示整个系统时间的全局时间，这个时间根据需要可以是物理时间或逻辑时间。物理时间用来表示人类社会使用的绝对时间，逻辑时间表达事件发生的顺序关系，它是一个相对的概念。

无线传感器网络是一个分布式系统，不同结点都有自己的本地时钟。由于结点的晶体振荡器频率存在偏差以及温度变化和电磁波干扰等，即使在某个时刻所有的结点都达到时间同步，它们的时间也会逐渐出现偏差，而分布式网络系统的协同工作需要结点之间的时间同步，时间同步机制是分布式系统基础框架中的一个关键机制。

无线传感器网络应用中需要时间同步机制。由于传感器网络的特点，以及在能量、价格和体积等方面的约束，使得复杂的时间同步机制不适用于它，需要修改和重新设计时间同步机制来满足传感器网络的要求。

4. 数据融合技术

无线传感器网络的数据融合技术是指：将传感器结点产生的多份数据或信息进行处理，组合出更有效、更符合用户需求的数据的过程。数据融合的方法普遍应用在日常生活中，人在辨别一个事物的时候通常会综合视觉、听觉、触觉、嗅觉等各种感官获得的信息，对事物作出准确判断。在无线传感器网络的应用中，人们更多地关心监测的结果，对过程并不在意。由于各类数据的感知机理不同，再加上空间的差异，数据融合的难度较大。数据融合技术的技术方案和系统的指标取决于实际应用的需求，此技术也是需要重点攻关的技术之一。

5. 嵌入式操作系统技术

由于传感器结点具有数量大、拓扑动态变化、携带非常有限的硬件资源等特点，同时计算、存储和通信等操作需要并发地调用系统资源，因此需要研究适合无线传感器网络的新型操作系统。在研究初期，研究人员认为无线传感器网络的硬件很简单，没必要设计一个专门的操作系统，可以直接在硬件上编写应用程序。但是，随着研究工作的深入，人们发现面向无线传感器网络的应用程序开发难度较大，直接在硬件上编写的应用程序无法适应多种服务。同时，软件的重用性差，开发效率低，应用程序很难移植与扩展。因此，设计无线传感器网络的专用操作系统成为一个重要研究课题。

（三）无线网状网技术

无线网状网也称无线网格网，即 Wirless Mesh Network，简称 WMN，是为实现无线通信无处不在（包括不适合建立基站的地方）的目标，基于 Ad Hoc 开发的无线多跳网络技术。WMN 支持多种网络接入方式，可以与其他网络如 Wi-Fi、WiMAX 相结合。

（四）无线网络技术展望

为了更好地发挥 WMN 的优势，克服其不足，目前研究 WMN 方面的关键课题有智能天线、路由算法、动态带宽分配、跨层设计、网络安全、商业化问题等。不管怎么样，WMN 的未来是美好的，必将为人们的无线生活添光增彩。

三、网络安全技术

网络安全技术是伴随着互联网技术和无线网络技术发展的网络层技术的第三条主线，实际上它是和前两条主线互相结合，相伴而生的。安全是所有网络技术以及所有信息技术得以实施的保障，没有网络安全技术，一切信息技术都无法彻底执行。从技术角度看，物联网是建立在互联网的基础上的，互联网遇到的信息安全问题，物联网都会遇到；从应用的角度看，物联网数据涉及大量企业应用和社会运行相关数据，比互联网传输的数据更具价值；从物理传输技术的角度看，物联网更多地依赖于无线通信技术，而无线通信技术很容易被攻击和干扰，攻击无线信道是比较容易的，这就对物联网安全技术提出了更高的要求；从构成物联网的端系统的角度看，大量的数据是由 RFID 和传感器产生的，之前了解此类技术的人比较少，随着物联网的大规模应用与普及，无线传感器网络安全问题就会凸显。综上，物联网网络安全问题是非常复杂而重要的。

总体来讲，可将物联网网络安全问题分为共性化的网络安全技术问题和个性化的网络安全技术问题。其中，共性化的网络安全技术问题主要指互联网中存在的安全技术问题，而个性化的网络安全技术问题主要指无线传感器网络的安全性与 RFID 的安全性问题。

（一）共性化网络安全技术

网络安全研究的目的是保证网络环境中传输、存储与处理信息的安全性。近年来，共性化网络安全研究的内容、方法与技术的发展，如图 2-10 所示。

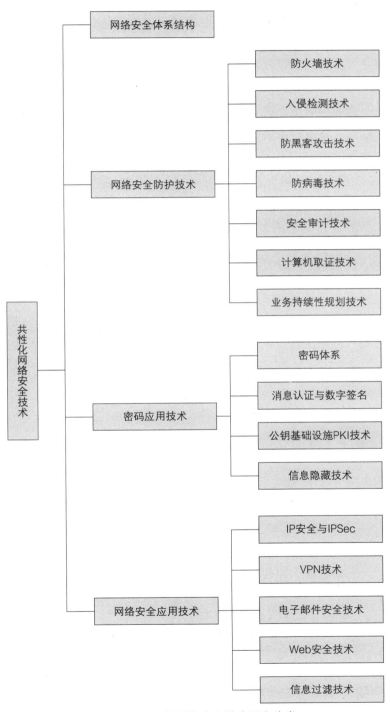

图 2-10 共性网络安全技术研究分类

网络安全体系结构的研究主要涉及网络安全威胁分析、网络安全模型与确定网络安全体系，以及对系统安全评估的标准和方法研究。根据对网络安全威胁的分析，确定需要保护的网络资源，对资源攻击者、攻击目的和手段、造成的后果进行分析；提出网络安全模型，并根据层次型的网络安全模型，提出网络安全解决方案。网络安全体系结构研究的另一个重要内容是系统安全评估的标准和方法，这是评价一个实际网络应用系统安全状况的标准，是提出网络安全措施的依据。

目前，网络攻击大致可以分为系统入侵类攻击、缓冲区溢出攻击、欺骗类攻击与拒绝服务 DoS 攻击等；网络安全威胁可以分为主干网络的威胁、TCP/IP 协议安全的威胁与网络应用的威胁；互联网中的网络防攻击可以归纳为服务攻击与非服务攻击两种基本类型；网络攻击的手段大致可以分为欺骗类攻击、DoS/DDoS 攻击、信息收集类攻击、漏洞类攻击四种基本类型；典型的网络攻击包括拒绝服务攻击与分布式拒绝服务攻击。

网络安全防护技术的研究涉及防火墙技术、入侵检测技术与防攻击技术、防病毒技术、安全审计与计算机取证技术，以及业务持续性规划技术。

密码应用技术的研究涉及对称密码体制与公钥密码体制的密码体系，以及在此基础上主要研究的消息认证与数字签名技术、信息隐藏技术、公钥基础设施 PKI 技术。

网络安全应用技术主要研究 IP 安全、VPN 技术、电子邮件安全、Web 安全与网络信息过滤技术。

（二）个性化网络安全技术

物联网信息安全的个性化问题主要包括：无线自组网、无线传感网络安全以及 RFID 及手机等感知终端的安全问题。

1. 无线自组网的安全

从网络安全的角度讲，无线自组网与传统网络相比有很大的区别。无线自组网有许多系统本身的脆弱性，比如无线链路易被窃听、网络拓扑的动态变化、结点的漫游特性等，这些导致它面临的安全威胁有其自身的特殊性，也就决定传统的网络安全机制无法应用于无线自组网。但无线自组网的安全性需求和传统网络的安全性要求应该一致，包括机密性、完整性、有效性、身份认证与不可抵赖性等。目前，关于无线自组网的安全技术研究主要集中在如图 2-11 所示的五个方面。

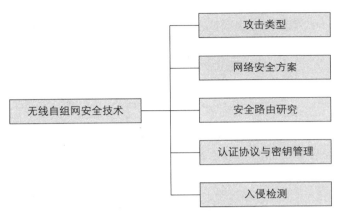

图 2-11　无线自组网安全技术研究

2. 无线传感器网络的安全

无线传感器网络的安全技术是当前的热点和难点。如何保证任务执行的机密性、数据产生的可靠性、数据融合的高效性与数据传输的安全性，是传感器网络安全问题需要全面考虑的内容。

无线传感器网络的安全隐患可以分为两类：信息泄露与空间攻击。如果从网络层次的角度来看，无线传感网络在各个层次上可能受到的攻击如图 2-12 所示。

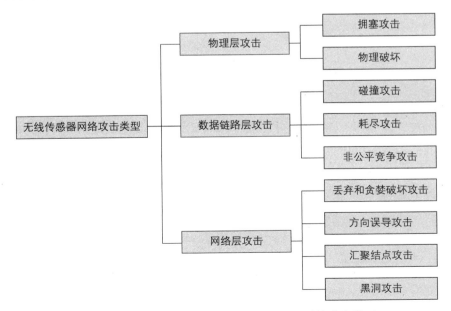

图 2-12　无线传感器网络在各层次可能受到的攻击类型

针对传感器网络面临的安全威胁，必须从整体结构的角度出发，为传感器网络设计合适的安全防护机制。无线传感器网络的安全是一个有挑战性的课题，目前的研究工作还仅仅是开始，需要研究的问题还很多。无线传感器网络应用已经向广度和深度方向发展，是物联网研究的热点问题。

3. RFID 安全

低成本电子标签有限的资源很大程度地制约着 RFID 安全机制的实现。安全问题，特别是用户隐私问题变得日益严重。

目前，对于 RFID 常见的攻击形式有：物理攻击、伪造攻击、假冒攻击、复制攻击、重放攻击、信息篡改等。标签的特殊性和局限性表现在：没有微处理器、有限的存储空间、有限的电源供给、由数千个逻辑门电路组成等，所有这些特点和局限性都对 RFID 系统安全的设计带来了特殊的要求，传统的加密或者签名算法很难集成到这类设备中，使得设计者对机制的选择受到很多限制。设计安全、高效、低成本的 RFID 安全协议成为了一个新的具有挑战性的问题，也吸引了许多国际一流密码学家的关注和投入。

RFID 安全的主要的研究方向包括：安全协议的研究、加密算法的设计、RFID 安全协议的安全模型及安全性的研究等。现在已经提出的针对 RFID 系统的可证明安全模型主要有：① Gildas Avoine 提出的攻击者模型；② Ari Juels 等人提出的安全模型；③ Serge Vaudenay 提出的安全模型；其中，Vaudenay 在 2007 年提出的安全模型是现在已知的最完整的模型。

基于可证明安全性理论来设计和分析 RFID 安全协议，提出适用于 RFID 系统环境的协议模型，对于设计和分析安全的 RFID 协议具有重要的现实和理论意义，这是一个值得探索和研究的领域。

4. 手机终端的安全

手机作为最普及的终端，在物联网时代具有不可替代的重大作用。对于手机终端的安全问题，也可作为物联网时代的个性化网络安全问题加以探讨。

（三）网络安全技术展望

网络安全是一切网络活动得以顺利运行的关键，目前来看中国互联网网络安全相对平稳，无线网络安全呈现起步状态，对中国物联网发展形成一定的挑战。

从国内联网内容来看，政府网站安全防护相对薄弱；金融行业网站成为不法分子骗取钱财和窃取隐私的重点目标；工业控制系统安全面临严峻挑战。从国际看，网络安全事件的跨境化特点日益突出，发达国家政府普遍加强网络安全管理。为了保障信息安全，维护网民利益，促进物联网的顺利开展，中国政府主管部门，物联网企业及个人用户都应高度重视网络安全问题，从各自职能和能力出发，发挥不同层面的作用，上下联动，共同提高网络安全水平。

第三节
应用层技术——物联网的大脑

应用是一切技术的目的和归宿，通过感知层的数据获取和网络层的数据传输，在应用层，将面临数据大集成后的数据分析、挖掘、存储和应用问题。一方面，要基于"上行"的数据采集，实现"物"的监测；另一方面，要进行"下行"的指令下发，实现"物"的控制。正如人的智慧来源于大脑，物联网的智慧主要来自应用层技术对于数据的分析和应用。

从微观看，应用层技术包括公共技术和行业技术，公共技术主要指人工智能技术、海量数据存储技术、数据挖掘和分析技术、高性能计算技术以及 GIS/GPS 技术等，而行业技术主要和具体产业相关，这对中间件技术的发展提出了很大的需求。但是从宏观角度讲，物联网要成功实施，仅有技术还是不够的，还需要商业模式的设计和应用，目前来看，可以将云计算与物联网相结合，以初步构建物联网的商业模式。也就是说，物联网应用的实现，需要由软件构成的"硬"技术，和硬模式形成的"软"环境协同发展。从而，我们将从公共技术、行业软件及中间件技术、云计算三个方面来阐述物联网应用层技术，如图2-13所示。其中，中间件技术的发展是物联网应用能否成功实施的关键，标准制定和抢占是通向物联网发展制高点的竞争利器。

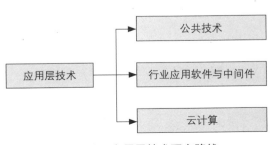

图 2-13　应用层技术研究路线

一、公共技术

物联网的应用版图正在不断地扩张，但无论应用在任何领域、任何行业，都离不开数据库技术、数据挖掘与分析技术以及人工智能、高性能并行计算等技术的发展，它们是一切应用的基础和前提。

（一）数据库技术

数据库技术是信息系统的一个核心技术，是一种计算机辅助管理数据的方法，它研究如何组织和存储数据，如何高效地获取和处理数据。是通过公共技术研究数据库的结构、存储、设计、管理以及应用的基本理论和实现方法，并利用这些理论来实现对数据库中的数据进行处理、分析和理解的技术，即：数据库技术是研究、管理和应用数据库的一门软件科学。

在今后的数据库发展中，中国应该是应用和技术两手抓。一方面，是要注重应用的扩展和规范化，尤其是随着物联网的发展，海量的数据将自动上传，对数据库的应用提出了很大的需求；另一方面，应该针对数据库的发展方向，争取率先突破，重拾数据库技术的话语权。目前来看，尤其要注重数据库与其他学科的结合发展，随着物联网的发展，终端设备不断更新，对多媒体数据的需求将会大大加强。

（二）人工智能技术

从本质上说，人工智能技术不仅包含软件技术，还包括硬件，比如机器人的构造等，按物联网的技术层次划分，和感知层的数据采集也有很大的相关性，但算法是人工智能的核心和灵魂，所以本研究将人工智能归入应用层技术。

专栏 2-2

"深蓝"——人工智能的里程碑

人工智能技术的里程碑不只是一个，数字计算机的胜利——1997 年"深蓝"战胜了世界国际象棋冠军盖瑞·卡斯帕罗夫是一个关键性转折点。

1996 年，国际象棋大师卡斯帕罗夫与电脑"深蓝"展开交锋，结果卡斯帕罗夫以 4 比 2 宣告胜利；经过研制方 IBM 一年多的改进，到了 1997 年，"深蓝"有了更深的功力，因此又被称为"更深的蓝"（以下简称"深蓝 Ⅱ"），这一次卡斯帕罗夫以 1 胜 2 负 3 平的结果败下阵来；2003 年，人机再次交锋。卡斯帕罗夫与小深（Deep Junior）以 1 胜 1 负 4 平再次战成平局。

　　"深蓝"重达 1.4t，是一台 RS/6000SP 型超级计算机，共装有 32 个并行处理器，每秒能分析 2 亿步棋。"深蓝"对每步棋作出决定前，有四个主要考虑，包括：①棋子：每只棋子各有价值，但在不同位置和棋局的不同阶段，价值会相对调整。②位置：电脑就棋子周围能够作安全攻击的四方格数目估值。控制愈多四方格，愈处于优势。③步调：力求每一步皆有助于操作棋局。④保王：电脑替王所处的位置的安全性估值，以作出防卫棋步。同时，"深蓝"内存贮了几乎世界上所有的棋谱，对于棋王过去下过的每一局棋都了如指掌，而且心无旁骛。它能根据卡氏过去的棋局进行程序优化。包装后的"深蓝"也可以在下棋过程中由人改变程序，根据棋面及时调整战略战术，表现出人性化的某些智能性。

　　可以预见，人工智能肯定是会继续朝着"拟人"的方向发展，将越来越多地替人类分忧，不会有研究方法的重大变革。人工智能技术仍然还需要伴随着数学、计算机科学及自动化技术的发展而发展，尤其对构成其大脑的计算机算法程序有很强的发展需求。

　　在未来的发展中，中国一方面还是要继续人工智能理论方面的研究，着重"智能"的研发，更多地赋予"机器"以人的智慧，使其具有人的分析、判断能力；另一方面，在物联网发展的过程中，要特别重视人工智能的应用，充分发挥人工智能的商业价值。比如，现在世界各国都在大力研究智能机器人在数字地球、环境保护、防灾救灾、安全保卫、工业、农业、医疗卫生等领域的应用，我们也不例外，只有将技术应用于实际，才能彰显其价值。

（三）数据挖掘与商务智能

　　数据挖掘就是对客观数据（经常是大量的）进行分析以发现其间未知的关系，并且以特有的、能为数据拥有者理解的、对数据拥有者有帮助的方式分析这些数据，是商务智能的核心。在物联网时代，自动上传的数据将呈现井喷的状态，如何利用好这些数据，分析这些数据的关系，将其转化为商务智能，是物联网应用的关键所在。

　　就中国而言，已有部分高等院校的科研机构致力于数据挖掘的研究，但真正用于商业领域，特别是企业界真正能投入资金进行研究的，尚不多见，中国还不拥有具有自主知识产权的数据挖掘技术。

　　随着物联网产业的发展，对以数据挖掘为代表的商务智能需求会越来越大，未来数据挖掘的应用版图将继续扩张，在从目前应用最多的零售业和制造业向生态社会、智能交通等各个行业延伸。具体来讲，在物联网时代，商务智能将会更加注重不同行业知识的融合，并由单独的商务智能向嵌入式商务智能发展，同时将更加强调智能商务系统的可视化和交互性。

如果说工业革命是对人类体力劳动的一种解放，那么数据挖掘技术则将人类从复杂的脑力劳动中解放出来（当然，它并不能完全取代人类的思考和分析，而是将两者结合起来）。目前来看，中国可从如下方面进行数据挖掘的规划：

首先，要将数据挖掘和数据库相结合，继续鼓励数据库在各行各业的应用。从企业的自身发展考虑，企业自然会根据需要来应用数据挖掘技术，这在电子商务领域已经有了很好的应用。现在我们尤其应该强调在电子政务和生态社会的构造中应用数据挖掘，以更好地构造智慧的中国。

其次，要力争研发拥有自主知识产权的数据挖掘产品。和在数据库领域中的地位相似，在数据挖掘领域，我们也已经很早失去了话语权，即使应用再多，也是将大部分利润给了别人。随着应用的逐步扩大，希望国人能够在知识产权方面有所斩获。

最后，要完善数据挖掘和商务智能产业的法律体系。数据挖掘所采用的数据有些是主动采集的，有些是被动采集的，这就会出现隐私权的保护问题。以美国为例，目前已经发生了不少由于企业在收集客户信息，进行商业分析时损害了客户的隐私而最后被诉之法律的事情。目前，美国在数据挖掘中的很多做法和国际上的公平使用信息所要求的目的明确和有限使用的原则是不一致的，与美国自己1974年颁布的隐私法案的精神也是背道而驰的，美国正在讨论制定更详细的数据保护指导方针和更新的有关保护公民隐私权的法规。中国在发展数据挖掘技术时也应该充分尊重客户的隐私，尊重客户对信息使用的知情权和决定权，同时针对数据挖掘所涉及的问题制定相应法律，保护公民的隐私。

（四）高性能计算

高性能计算（HPC）指通常使用很多处理器（作为单个机器的一部分）或者某一集群中组织的几台计算机（作为单个计算资源操作）的计算系统和环境。它是计算机科学的一个分支，它致力于研发超级计算机，开发相关系统软件，研究并行算法，开发相关大型并行应用软件。并行计算是指使用多个处理器或多台计算机来协同完成同一计算任务，它是实现高性能计算的途径。

目前，高性能并行计算面临如下挑战：首先是复杂性方面的挑战：包括由大规模、多层次运用造成的结构复杂性和由资源的配置、优化、管理等构成的管理复杂性；其次是工艺方面面临挑战，主要由于高频增加了工艺难度而高密度加大了组装的难度；再次是使用效率方面的挑战：实际应用的持续性能与机器峰值性能差距大，20世纪90年代初的向量机是 40%～50%，目前并行巨型机是 x-10%；最后还面临可靠性和功耗等方面的挑战（图 2-14）。

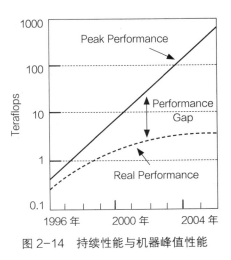

图 2-14 持续性能与机器峰值性能

2010 年 10 月 28 日，中国高性能计算机 TOP100 组织发布数据，"天河一号"超级计算机二期工程系统峰值性能达到每秒 4700 万亿次，其运算速度与能效达到国际领先水平，成为当时世界最快的超级计算机，此举将为中国科学研究和经济发展注入强大动力。但 2011 年，日本理化学研究所 6 月 20 日宣布，与富士通共同研发中的超级计算机"京"以每秒 8612 万亿次的运算速度在最新全球超级计算机 500 强排名中位列第一。

目前，国外主要的超级计算中心包括：位于美国的 San Diego 超级计算中心（SDSC）、美国国家超级计算应用中心（NCSA）、Pittsburgh 超级计算中心等。中国的超级计算中心主要包括：国家高性能计算中心（北京）、国家高性能计算中心（合肥）、国家高性能计算中心（成都）、国家高性能计算中心（武汉）、国家高性能计算中心（上海）、国家高性能计算中心（杭州）、国家高性能计算中心（西安）、山东大学高性能计算中心、天津高性能计算中心、北京应用物理与计算数学研究所—高性能计算中心、上海超级计算中心、中国科学院的超级计算中心。

未来，高性能计算将会由高性能向高效能演化，体现为并行算法的优化、并行程序性能的优化、硬件/软件功耗的优化，硬件可重构及容错的优化，以及提高并行计算机系统性能、可编程性、可移植性和稳定性，并努力降低系统开发、运行及维护成本等。同时，将会深化对量子计算和光计算的探索。

量子计算是一种依照量子力学理论进行的新型计算，量子计算的基础和原理以及重要量子算法为在计算速度上超越图灵机模型提供了可能。量子计算将有可能使计算机的计算能力大大超过今天的计算机，但仍然存在很多障碍。大规模量子计算所存在的一个问题是，提高所需量子装置的准确性有困难。

光计算技术是采用光学方法来实现运算处理和数据传输的技术和设备。光计算技术广义上包括光学外部设备、光存储、光互联和光处理器等。光计算具有二维并行处理、高速度、大容量、空间传输和抗电磁干扰等优点，一般可归纳为数字光计算和模拟—数字光计算。数字光计算考虑采用光存储、光互联和光处理器。由于全光计算的器件在技术上尚不成熟，目前还没有公认的全光数字处理器体系结构。光学神经网络的主要特点是群并行性、高互连密度、联想和容错，主要的研究内容是通过光学方法来实现神经网络模型。

　　针对高性能计算，中国同样应该是应用和技术两手抓，只有投入应用才能体现高性能计算的价值，而在技术方面，中国目前的高性能计算虽然降为第二位，但也有了比较好的基础，仍然有继续超越的可能。

二、行业应用软件与中间件

　　如图 2-15 所示，物联网的版图在不断扩大，它未来的应用能力几乎可以覆盖农业、工业和服务业，成为我们生活和工作不可或缺的一部分，甚至可以撬动整个生活和

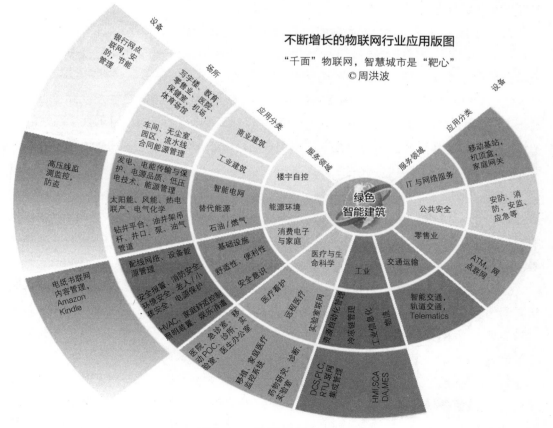

图 2-15　物联网的应用版图

（资料来源：周洪波.物联网技术、应用、标准和商业模式 [M].北京：电子工业出版社，2011）

生产模式的改变。但是除了技术方面的原因，不同的行业也都有专属的个性发展需求，这就要求物联网应用技术在关注共性技术的同时，也要强调个性化的行业应用软件的开发，中间件的研发尤其不可漠视。

（一）行业应用软件与中间件概述

物联网的行业应用前景十分广泛，但目前还处于初步发展时期，不可能一下子实现所有的应用，还需要在重点行业重点领域首先突破，以引领其他行业的发展。按照目前的粗略行业区分看，大致有 SCM、CRM、ERP 等，更细一点的包括电信行业应用、金融行业应用软件等，此部分详细论述可见第四章，物联网应用方面的内容。

中间件与操作系统和数据库并列作为三足鼎立的"基础软件"的理念经过多年的探讨已经被国内业界和政府主管部门认可，如果说支持应用的各类软件是物联网的关键和灵魂，那么中间件就是这个灵魂的核心。

（二）物联网中间件的发展

虽然我们根据数据的传输顺序将物联网分为感知层、传输层（网络层）和应用层三个层次，但它们也不是绝对隔离的。比如应用层主要指数据分析的软件，但在感知层的数据获取过程中，也存在智能分析，中间件软件以嵌入智能设备的方式起着决定性的作用。在硬件中存在芯片，芯片的核心是软件，甚至在感知的过程中，也存在无线或有线网络的局部作用，使得三层中的一些技术呈现出你中有我、我中有你的状态。

物联网中间件处于物联网的集成服务器端和感知层、传输层的嵌入式设备中。服务器端中间件称为物联网业务基础中间件（很多时候也叫框架或平台），一般都基于传统的中间件（应用服务器等）构件，加入设备链接和图形化组态展示等模块。

嵌入式中间件是一些支持不同通信协议的模块和运行环境。中间件的特点是它固化了很多通用功能，但在具体应用时多半需要"二次开发"来实现个性化的行业业务需求，因此所有物联网中间件都要提供快速开发工具。

基于中央服务器的大集成是物联网应用系统的主要形式，大集成包括原有的消除信息孤岛的 EAI 信息集成和智能物件及物联网监控子系统的集成。EAI、SOA、EBS/MQ.Saas 等技术理念对物联网应用同样适用，原有面向互联网应用的基于 MVC 三层架构的应用服务器中间件，包括基于 JAVA 技术的 IBM WebShpere 和 Oracle BEA Weblogic，以及基于 .net 技术的微软应用服务器，仍扮演着重要的角色。这些厂家必将利用他们现有的优势推出面向物联网应用的新的中间件产品，例如 IBM 推出的

WebSphere EveryPlace Device Manager。

一些非传统中间件厂商也试图抓住物联网这个机遇推出自己的面向物联网应用的专有中间件产品，并提出了一些新的应用范例。嵌入式系统也越来越多地以中间件的形式出现，由专业的第三方软件厂商提供，而不是直接由嵌入式设备提供商的内部软件部门开发提供，这种明确的产业分工方式更有利于发挥软硬件专业厂家的优势和产业化发展，做大做强。OSGI 联盟推出的 OSGI 中间件技术架构在物联网产业的服务器端和嵌入式系统中都得到了广泛的应用。

物联网的核心是实现大集成的软件和中间件，它在各行业的应用早已开始并普遍存在，如环保监测、安防消防联网、工业信息化等，目前的挑战在于按标准化的 M2M 软件技术实现这些已存在的和新建的系统之间的互联互通，通过"管控营一体化"和泛在的物物相连，实现高效、安全、节能、环保的和谐社会。

（三）行业应用软件与中间件展望

物联网行业应用软件的需求会随着物联网版图的扩展而增大，在 OS 和数据库市场格局早已确定的情况下，中间件，尤其是面向行业的业务基础中间件，是各国软件业，尤其是在物联网时代的重要发展契机，物联网产业的发展为物联网中间件的发展提供了新的机遇。

中国要想在新一轮信息技术革命中取得先机，必须重视中间件的发展，具体来说可关注以下方面：

第一，关注未来领域：虽然目前物联网中间件的具体形态还难以确定，但可以肯定的是已有的中间件技术仍将继续被采用，可能的发展方向是增加图形化表达技术，扩展现有中间件的 SOA、ESB、WebService、Saas 等功能，欧盟已启动 Hydra 计划开发物联网中间件，中国也应该关注未来领域，争取在新平台上取得先机。

第二，考虑建立软件联盟，开发大集成中间件：欧盟 Hydra 物联网中间件（包括嵌入式中间件）计划值得我们借鉴，不过，最值得我们研究和借鉴的（主流）大集成中间件技术还是 OSGI。OSGI Alliance 是一个由 Sun Microsystems、IBM、爱立信等于 1999 年成立的开放软件标准化组织，最初名为 Connected Alliance。 OSGI 中间件技术架构基于 Java，OSGI 的应用包括：服务网关、汽车、移动电话、工业自动化、建筑物自动化、PDA 等许多物联网相关领域。中国应该立即考虑成立自己的软件联盟，制定和开发 OSGI 和 Hydra 类似的软件标准和中间件，这是占领物联网制高点的关键。

第三，抢占标准，争夺物联网话语权："一流企业做标准"这是"地球人都知道"

的业界共识，也是很多企业乃至一个国家战略层面想达到的制高点。在物联网三层体系中，感知层基于物理、化学、生物等技术和发明的传感器，"标准"多成为专利。而传输层的有线和无线网络属于通用网络，有线长距离（三网）通信基于成熟的 IP 协议体系，有线短距离通信以 10 多种现场总线标准为主，无线长距离通信的基于 GSM 和 CDMA 等技术的 2G/3G/4G 网络标准也基本成熟，无线短距离通信针对频段的不同也有 10 多种标准，如 RFID、Bluetooth 等，建立新的物联网通信标准难度较大，可行性较小。但基于软件和中间件的数据交换和处理标准制定方面还有很大的空间，为中国争夺物联网话语权提供了很大的契机。

三、云计算

当前，物联网的呼声很高，但由于缺乏商业模式的应用支持，呈现出一种叫好但不叫座的尴尬局面。而云计算可以有效地解决物联网的商业模式问题，为物联网的应用和推广提供了发展空间。

（一）物联网与云计算

云计算为物联网的应用搭建了平台，同时物联网的广泛应用也会加速云计算的发展，两者可谓相辅相成、互相依存而发展。

1. 云计算的概念

在计算机流程图中，互联网常以一个云状图案来表示，用来表达对复杂基础设施的一种抽象。云是一种比喻，云计算正是对复杂的计算基础设施的一个抽象，所以称为云计算。

云计算是一个概念，而并不指某种具体的技术或标准，不同的人从不同的角度出发会有不同的理解。业界关于云计算定义的争论从未停止过，目前也还没有一个十分明确的定义。

我们采用 NIST（美国国家标准技术研究所）的定义，认为：云计算是一种对 IT 资源的使用模式，是对共享的可配置的计算资源（如网络、服务器、存储、应用和服务）提供无所不在的、方便的、随需的网络访问。资源的使用和释放可以快速进行，不需要多少管理代价。这与维基百科上的定义是基本一致的：云计算是一种计算模式，在这种模式下，动态可扩展而且通常是虚拟化的资源通过互联网以服务的形式提供出来。终端用户不需要了解"云"中基础设施的细节，不必具有相应的专业知识，也无须直接进行控制，而只需关注自己真正需要什么样的资源，以及如何通过网络来得到相应的服务。一个更加技术性的定义是：云计算是一种模式，它实现了对共享可配置计算资源（网络、服务期、存储、应用和服务等）的方便、按需访问；这些资源可以通过极小的管理代价或者与服务提供者的交互被快速地准备和释放。这正好解决物联网的商业模式问题。

2. 物联网技术的现实瓶颈

物联网的实现推广，目前主要面临以下问题。

第一，物联网本身的复杂性

典型的互联网应用，网站的最小单元可以是仅一台服务器单元来解决，网站间的交互可以通过简单的链接来实现，然后物联网的应用至少由三部分组成：①传感器、探头等感知层的电子元器件；②传输的通道，即网络层的连接；③数据处理中心，即应用层的集合。并且物联网应用的交互，由于智能处理的需求，需要更多的信息流处理，比原来的互联网应用要复杂很多。

第二，成本问题

各种感知设备、网络连接和智能处理都价格不菲，这样的成本不是少数用户使用可以承担得起的，所以我们看到很多物联网应用虽然早已实现（比如比尔·盖茨的智能豪宅），但却难以推广，只有能够大规模应用才能降低三个模块的应用成本。

第三，响应速度问题，也就是要实现真正的高智能

物联网是用来解决物与物，以及人和物的沟通的，需要能及时响应，动态智能，来实现人类社会与物质世界的有机整合与和谐相处。这就需要快速处理，利用众多来源提供的海量、实时信息，而且是以更有效率、更智能的方式来处理这样的数据信息。并且由于物体间的关联交互问题，各个物联网应用之间也需要互联互通，有效整合共享信息，以便智慧地响应人类所需。

3. 云计算对物联网发展的促进作用

云计算作为一种新兴的计算模式，可以有效地帮助解决以上问题。首先，以"资源共享"为核心的云计算模式，可以通过规模效益和共享方式降低物联网应用的成本。尤其是其提供的高效的、动态的、可以大规模扩展的共享计算处理能力，可以有效降低物联网应用数据中心的成本，并且使物联网中数以兆计的各类物品的实时动态管理与智能

分析变得可能。其次，基于服务交互、信息共享模式的云计算中间件平台，可以通过提供数据共享、信息转换、智能分析等方式促进各种物联网应用的互联互通，有效整合共享信息。云计算可以有效地串起物联网的三个组成部分，是物联网商业模式的有力依托。

总体来讲，云计算对物联网的发展有如下促进作用：

第一，云计算利用其动态资源部署的功能和弹性伸缩的特点，能动态创建高度虚拟化的资源供用户使用，使物联网的使用人群变得广泛：这正是云计算区别于其他计算模式的特点，使云计算可以从虚拟化、服务管理、资产管理、安全、业务弹性、信息系统架构方面提供突破性的服务交付方式，可以有效应对客户不断提高的需求。

第二，实现动态基础架构给 IT 系统带来好处的同时也给企业和社会带来了更多的益处：对于 IT 系统本身来说，动态架构降低了运行成本，提高了资源利用率，节约了空间，提供了更加高效的电源和冷却系统，提升了系统性能和服务质量；对于企业和社会发展来说，动态架构可以对新的变化作出更快速的反应，实时处理更多的信息，方便管理，打破物理设备障碍，使物联网产业更容易推广。

第三，云计算模式从新兴的计算服务模式和创新技术两个层面促进绿色节能，可以打造绿色物联网络。云计算本身是一个极为绿色的计算服务模式，尤其是公共云和混合云，它们的实现充分体现了"云"的环境友好。将数据放置于云端，用户从这个数据池中各取所需，可节省硬件方面的设备投资和管理费用。按需付费使得资源得到合理利用，贯彻了绿色节能的理念；另外，采用资源抽象和弹性快捷服务的云计算数据处理中心通过适当的业务模式分析与基础设施集中管理，许多低使用率的设备可以被优化和使用，不仅缩短了电力损耗，也节省了开支。

综上，云计算"资源共享"的核心理念，降低了物联网实现的成本，也为物联网提供了一种很好的商业模式，使物联网的技术有了发挥的舞台，也使整个物联网产业有了更好的发展前景。

（二）主流云计算商业模式

云计算作为一种技术的产业化结构，是物联网商业模式的典型代表。从云计算的分类中，可以看到物联网商业模式的运作过程，为物联网产业化提供了有力的参考和基础。根据云计算服务的部署方式和服务对象可以划分为公共云、私有云和混合云，这是云计算的一种分类，也是物联网服务的基本类型。

公共云：当云以按服务方式提供给大众时，称为"公共云"。公共云由云提供商运行，为最终用户提供各种各样的 IT 资源。云提供商可以提供从应用程序、软件运行环境，到物理基础设施等方方面面的 IT 资源的安装、管理、部署和维护。最终用户通过共享的 IT 资源实现自己的目的，并且只要为其使用的资源付费，通过这种比较经济的方式获取自己所需要的 IT 资源。公共云的示例包括"Google App Engine""Amazon EC2"和"IBM Developer Cloud"以及中国的"无锡云计算中心"。

私有云：也称专有云，商业企业和其他社团组织不对公众开放，为本企业或社团组织提供云服务（IT 资源）的数据中心称为"私有云"。与传统的数据中心相比较，云数据中心可以支持动态灵活的基础设施，降低 IT 框架的复杂度，使各种 IT 资源得以整合、标准化；并且可以通过自动化部署提供策略驱动的服务水平管理，使 IT 资源能够更加容易地满足业务需求的变化。私有云不仅可以提供 IT 基础设施的服务，也支持应用程序和中间件的运行环境等云服务，比如企业内部的 MIS 云复苏。中国的"中化云计算"就是典型的支持 SAP 服务的私有云。

混合云：是"公共云"和"私有云"的结合。用户可以通过一种可控的方式部分拥有，部分与他人共享。企业可以利用公共云的成本优势，将非关键的应用部分运行在公共云上；同时将安全性要求高、关键性更强的主要应用通过内部的私有云提供服务。混合云的例子比如荷兰的 iTricity 的云计算中心。

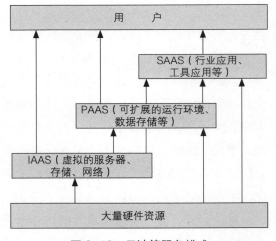

图 2-16　云计算服务模式

总体来讲，云计算的服务类型分为 IAAS、PAAS、SAAS 三类，是物联网商业模式的雏形。如图 2-16 所示。

1. IAAS

IAAS 即 Infrastructure as a Service，基础架构即服务，位于云计算三层服务的最底端。就是把 IT 基础设施像水、电一样以服务的形式提供给用户，以服务形式提供基于服务器和存储等硬件资源的可高度扩展和按需变化的 IT 能力。

该层提供的是基本的计算和存储能力，以计算能力的提供为例，其提供的基本单元就是服务器，包含 CPU、内存、存储、操作系统及一些软件。为了让用户能够定制自己的服务器，需要借助服务器模板技术，即将一定的服务器配置与操作系统和软件进行绑定，并提供定制的功能。自动化和虚拟化技术是实施的核心。

2. PAAS

PAAS 即 Platform as a Service，平台即服务，位于云计算三层服务的中间，通常也称为"云计算操作系统"。它提供给终端用户基于互联网的应用开发环境，包括应用编程接口和运行平台等，并且支持应用从创建到运行整个生命周期所需的各种软硬件资源和工具。通常按照用户或登录情况计费。在 PAAS 层面，服务提供商提供的是经过封装的 IT 能力，或者说是一些逻辑的资源，比如数据库、文件系统和应用运行环境等。

通常又可将 PAAS 细分为开发组件即服务和软件平台即服务。前者指的是提供一个开发平台和 API 组件，给开发人员更大的弹性，依照不同的需求定制化。后者指提供一个基于云计算模式的软件平台运行环境。让应用软件开发商（ISV）或独立开发者能够根据负载情况动态提供运行资源，并提供一些支撑应用程序运行的中间件支持。这个层面涉及两个核心技术，一是基于云的软件开发、测试及运行环境；二是大规模分布式应用运行环境。

3. SAAS

SAAS 即 Software as a Service，软件即服务，是最常见的云计算服务，位于云计算三层服务的顶端。用户通过标准的 Web 浏览器来使用 Internet 上的软件。服务供应商负责维护和管理软硬件设施，并以免费（提供商可以从网络广告之类的项目中生成收入）或按需租用方式向最终用户提供服务。

在 SAAS 层面，服务提供商提供的是消费者应用或行业应用，直接面向最终消费者和各种企业用户。这一层面主要涉及以下技术：Web2.0，多租户和虚拟化。

以上三种云计算服务方式，实际上也是物联网实施中将采用的商业模式，将从基础设施、平台和软件三个层面为个人、企业和社会提供服务，同时物联网还将朝着DRM（设备关系管理）和 TAAS（Thing as a Service）的方向扩充和发展。

（三）物联网云的构建

物联网云指物联网借用云计算的模式进行物联网应用的开发、测试、交付和运营的方案。物联网云可以将物联网的各个层次相结合，为物联网应用提供海量的计算和存储资源，以及统一的数据存储格式和数据处理及分析手段，同时，物联网云还可提供集成的接口，大大简化应用的交付过程，降低交付成本，建议建立一个由设备提供商、应用开发商、服务运营商和行业用户等共同构成的生态系统，推动物联网的应用和产业发展。

1. 物联网云的体系结构设计

　　物联网云的体系结构主要包含物联网云的硬件虚拟化框架、感知设备、物联网应用中间件以及服务管理。各部分共同构成物联网应用平台，为物联网应用的运营管理人员和终端用户服务（图2-17）。

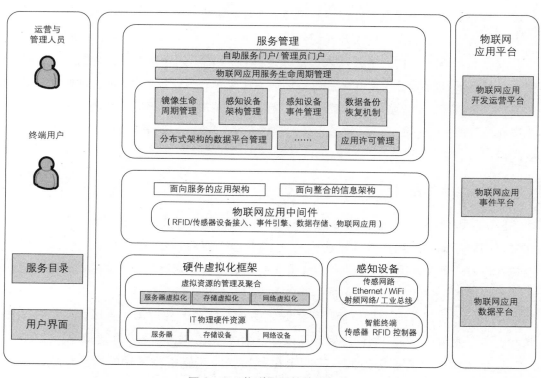

图2-17　物联网云的体系架构

　　各部分主要功能如下：

　　1）硬件虚拟化框架

　　硬件虚拟化框架定义了云计算平台所管理的服务器、存储设备、网络设备等物理硬件资源及相应的虚拟化方法和技术，并将上述资源以虚拟化的方式交付给用户。

　　2）感知设备

　　感知设备主要包括物联网的感知层技术涉及的硬件设备，主要包括RFID、传感器等智能终端，以及实现终端互联互通的传感网络。感知设备通过网络层技术接入云计算平台，并由物联网应用的中间件对其进行管理。

3）物联网应用中间件

物联网应用的中间件主要实现终端设备接入、RFID/ 传感器事件管理、数据存储以及物联网应用等功能，它包含一系列相关的中间件产品。

4）服务管理

服务管理主要包括物联网云的服务门户、物联网应用和服务的生命周期管理。除了对 IT 物理硬件和虚拟化资源进行管理之外，物联网云的服务管理还包括对感知设备的体系架构、事件以及分布式架构数据平台的管理。

2. 物联网云的使用模式

在物联网应用的产业链中，不同用户所面临的问题不同，需求也就不同。物联网云可以为不同的用户提供不同的使用模式，如图 2-18 所示。

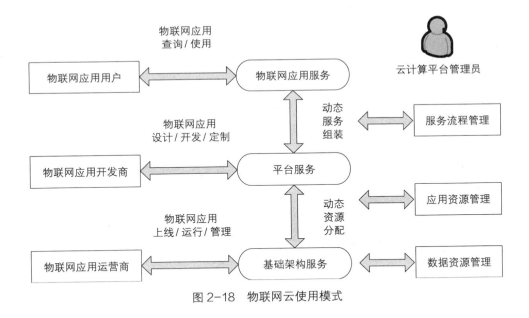

图 2-18　物联网云使用模式

1）物联网应用的开发 / 测试平台

对于物联网应用的开发商而言，如何快速获得物联网应用的开发和测试环境是其提高生产效率的关键，因此，物联网云的虚拟化资源和物联网应用中间件，可以为物联网应用开发商快速提供所需要的应用开发和测试环境以及应用基础平台，加速物联网应用的开发和测试周期。其使用流程如下：

首先，云计算平台的管理员定义物联网应用开发或测试环境的模板，包括其所需要的虚拟机环境以及需要部署的物联网应用中间件；其次，物联网应用开发商登陆云计算平台，从物联网云的服务目录中选择所需要的应用开发或测试环境；再次，云计算平台对应用开发商所申请的开发或测试环境进行自动化部署和配置，并将环境的访问信息返回给物联网应用开发商；最后，物联网应用开发商将其中断设备接入云计算平台，并开始物联网应用的开发与测试。

2）物联网应用的运营平台

物联网应用的运营商希望在其基础平台上同时部署和运营多个物联网应用，从而利用应用的规模化效应来降低运营成本。其中，采用共享的终端设备接入和数据存储是其降低成本的重要方式。利用物联网应用的中间件，物联网云可以作为物联网设备的事件捕获和数据存储平台，以支持物联网应用的规模化运营，步骤如下：

首先，云计算平台的管理员准备应用的事件捕获和数据存储平台，包括虚拟服务器和用于传感事件捕获或数据存储的中间件；其次，物联网应用运营商登录云计算平台，从物联网云的服务目录中选择所需的事件通道或数据存储服务；再次，云计算平台对应用中间件进行自动部署和配置，准备其所需的时间通道或数据存储空间，并返回访问信息；最后，物联网应用运营商将物联网应用的事件通道或数据存储指向云计算平台上的相应资源，从而使用云计算平台的资源支撑应用运行。

3）物联网应用的在线应用平台

对于用户而言，快速获取符合自身业务要求的物联网应用是其主要需求。物联网云可以提供满足人员或资产定位、物流追溯、业务流程监控和优化以及数据分析等多种场景的物联网应用。其使用流程如下：

首先，云计算平台的管理员定义物联网应用场景的模板，包括其所需的虚拟机环境、需要部署的应用中间件和典型应用；其次，物联网应用用户登录云计算平台，从物联网云的服务目录中选择自己所需的物联网应用场景；再次，云计算平台对所申请的应用场景进行自动化部署和配置，并将应用的访问信息返回给物联网应用用户；最后，物联网应用用户将其终端设备接入云计算平台，并开始物联网应用的使用。

3. 物联网云的实施方案

物联网云的实施，是物联网应用的基础，也是物联网产业发展的助推器。物联网云的实施是个复杂的系统工程，涉及不同角色的不同使用，大体来说应该考虑需求分析、方案选择和设计、方案实施和业务运营四个步骤，如图 2-19 所示。

图 2-19　物联网云的实施流程

1）需求分析

像所有信息系统实施的起点一样，物联网云的实施也要首先进行需求分析，也就是要对客户使用物联网的目的进行细致的了解，对用户的业务现状和信息技术环境进行综合研究和讨论，洞察需求中适合运营物联网云的地方。也就是说首先要考虑客户是否需要采用物联网，需要采用哪种云来实施物联网，需要哪些具体的服务。

2）方案选择和设计

在确定客户需求之后，要根据需求进行方案选择和设计，包括成本控制、资源分配、采用什么感知器件、什么样的硬件平台、操作系统平台、应用软件、用户访问模式、信息系统流程设计、系统安全设计、服务类型的设计等。设计是实施的基础和路线图。

3）方案实施

方案实施就是根据方案选择和设计的结果进行各种资源的采购、布局、实施以及过程管理和最后的调试等，是具体的工作。

4）业务运营

在方案实施运行之后，还要提供持续的支持服务，以保证服务的可用性，同时还需要不断挖掘用户的新需求，不断完善物联网系统服务，以提高客户满意度，并促进物联网产业的持续发展。

物联网是各类信息技术相互结合实施的结果，应用是其根本目标。云计算是一种计算模式，也代表了信息技术实施的商业模式，解决了物联网实施中的成本和虚拟化问题。物联网云是物联网和云计算相结合的产物，是物联网产业发展的有效途径。

专栏 2-3

IBM 物联网云方案

作为信息技术和业务解决方案的国际性公司，IBM 率先提出了"智慧的地球"这一概念，在物联网和云计算等领域拥有完备的技术体系和丰富的实践经验。相对于其他物联网云供应商的方案，IBM 物联网云具有如下优势：

1. 完整的物联网应用平台

　　IBM 物联网云是包含终端数据采集、信息转化与存储、数据分析与报表，以及业务流程管理与优化的完整解决方案，可以非常方便地构建物联网应用的基础架构，为物联网应用提供应用开发、测试、交付和运营的服务平台。

2. 开放的开发平台

　　针对物联网应用领域中终端设备不规范、应用技术壁垒较高等问题，IBM 物联网云坚持采用开放的开发和实践理念，不仅能够兼容大多数厂家的软硬件产品，而且提供规范的开放平台和业务标准，允许用户基于该应用平台进行进一步的定制开发，使之满足不同的应用需求。

3. 丰富的物联网应用

　　IBM 物联网云拥有适用于物联网应用的全面产品线，可以为用户提供针对位置识别、历史追溯、资产管理，以及数据分析等场景的"开箱即用"物联网应用服务。

　　IBM 的物联网云解决方案包含终端设备驱动、传感事件平台、数据平台和商业应用，可以为物联网应用提供端到端的数据接入、存储、分析和处理能力，如图 2-20 所示。

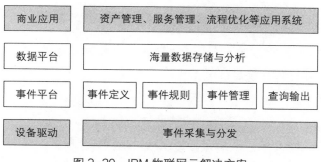

图 2-20　IBM 物联网云解决方案

点面结合，
透视物联网产业战略

第三章

物联网产业是以物联网技术为基础发展起来的产业集群。物联网用途广泛，遍及智能交通、环境保护等多个领域，是继计算机、互联网与移动通信网之后的又一次信息产业浪潮。从产业发展角度来讲，物联网产业是一个超大规模的产业。

第一节
物联网产业概述

前文中，我们将物联网技术划分为由感知层、传输层、应用层构成的物联网技术总体框架。以此为基础，从具体产业链的角度，物联网以传感感知、传输通信、运算处理为基础，形成若干个面向最终用户的应用解决方案（表 3-1）。

物联网应用场景举例   表 3-1

序号	应用领域	应用场景
1		监测环境的不稳定性，根据情况及时发出预警
2		加强对重点地区、重点部位的视频监测监控及预警
3	公共安全	加强对危险物品、垃圾、可燃物排放、有毒气体排放、医疗废物、疾病预防控制等的全流程过程监测和控制
4		对建筑工地、矿山开采、水灾火警等现场的信息采集、分析和处理
5		监察执法管理的现场信息监测
6		智能司法管理

续表

序号	应用领域	应用场景
7	城市运行管理	城市网格、部件监控管理，如井盖等
8		城市水、电、燃气、热力等重点设施和地下管线实施监控
9		各类作业车辆、人员的状况，对日常环卫作业、扫雪铲冰、垃圾渣土消纳进行有效的监控
10		建立户外广告牌匾、城市家具、棚亭阁、城市地井的管理体系
11	生态环境	大气和土壤治理，森林和水资源保护，应对气候变化和自然灾害
12		污染排放源的监测、预警、控制
13		空气质量、城市噪声监测
14		水库河流、居民楼二次供水的水质检测
15		森林绿化带、湿地等自然资源的情况监控
16	城市交通	道路交通状况的实时监控
17		道路自动收费
18		智能停车
19		实时的车辆跟踪
20	农业	农作物生长环境监测控制、动物健康监测、动物屠宰监测
21		主要农副产品、食品、药品的追溯管理
22		土壤成分、水分、肥料变化情况监控
23		食品加工各环节跟踪
24	医疗卫生	医疗、药品监管
25		血浆采集监控
26		医疗电子档案管理
27		公共卫生突发事件管理
28	文化	智能文化创意园
29		文化监管
30		文物、古树、文化古迹保护

（资料来源：《2010 年中国物联网产业发展研究报告》）

一、物联网产业链

以物联网技术框架为基础，目前物联网产业链可由以下结点构成：传感器／芯片厂商为代表的感知层产业结点；通信模块提供商和电信运营商为代表构成的传输产业结点；中间件及应用开发商为代表的应用产业结点；以及致力于整合技术的系统集成商。而且，目前物联网产业链各环节合作模式主要集中于产业联盟，产业联盟是产业链主要的合作形式，运营商是产业链的主导，扮演集成商和服务商角色，通过产品和服务购买的形式向产业链下游渗透，各环节除运营商外，厂商整体综合实力均较弱。

（一）终端传感器及芯片厂商

国内 M2M 终端传感器及芯片厂商规模相对较小，针对 M2M 领域的发展正处于起步阶段，盈利能力尚不稳定，更多是在专注领域稳定发展，当企业发展到一定程度后，会激励出部分企业投身于跨领域拓展型发展。

（二）通信模块提供商

国内通信模块厂商发展较为成熟，其中华为、中兴国际知名，盈利能力较为稳定，拥有一定的自主研发能力，国内通信模块厂商不仅生产通信模块，还生产配套的通信传输设备，统计数据为两部分之和，从收入规模及盈利能力上看，该环节的盈利能力较为稳定。其中，很多企业都专注于通信传输设备，比如光纤光缆的生产。

（三）中间件及应用开发商、系统集成商

国内通信模块供应商中间件、软硬件集成、应用开发划分不清晰，同方为国内目前最大的综合平台提供商，运营商也在涉足，这与国内 M2M 产业发展水平有关，产业链分工尚不清晰。各企业目前处于在相关技术领域内向相关行业提供应用开发、系统集成、中间件等一整套解决方案阶段。

二、物联网产业结构

从产业结构来看，无线射频识别（RFID）与传感器等产业已有较大规模，但真正与物联网相关的软件和信息服务业刚刚起步，所占比重很小。RFID 产业市场规模超过 100 亿元，其中低频和高频 RFID 相对成熟。全国有 1600 多家企事业单位从事传感

器的研制、生产和应用，年产量达 24 亿只，市场规模超过 900 亿元，其中，微机电系统（MEMS）传感器市场规模超过 150 亿元；通信设备制造业具有较强的国际竞争力，建成了全球最大、技术先进的公共通信网和互联网。机器到机器（M2M）终端使用数量接近 1000 万，形成了全球最大的 M2M 市场之一[①]。与物联网相关的软件与信息服务主要包括物联网网络通信服务业、物联网应用基础设施服务业、物联网相关信息处理与数据服务业、物联网相关软件开发与集成服务业等。这些子行业中，物联网网络通信服务业发展较快，2011 年，M2M 终端数已超过 1000 万，预计"十二五"期间年均增长超过 80%[②]，应用领域覆盖公共安全、城市管理、能源环保、交通运输、农业服务、医疗卫生、教育文化、旅游等多个领域。物联网应用基础设施服务业方面，主要结合云计算开展 IaaS 商业服务，目前处于起步阶段。物联网相关信息处理与数据服务业方面，由于中国数据库产业缺乏关键核心技术，整体发展水平不高，缺乏有竞争力的国际企业。

第二节
感知层产业剖析

感知层技术就像物联网的四肢，是物联网感知的基础，与之相对应的感知层产业形成了物联网产业链的关键一环。技术的作用依靠产业来延伸、扩张，产业的发展依靠市场来检验，产业是技术向市场转化的桥梁。与感知层技术相对应，感知层产业主要包含二维码产业、RFID 产业、传感器产业以及作为感知层技术基础的微电子产业的发展。

一、二维码产业和市场

条码作为一种成本超低的信息载体技术，成为全世界公认的物品信息标识技术。二维条码的市场空间主要来自于二维条码在信息存储方面的独特优势，表 3-2 所示是

---

① 援用《物联网"十二五"发展规划》中的数据。
② 根据三大通信运营商发布的 M2M 业务运营数据整理。

二维条码和其他自动识别技术的特性比较。

二维条码和其他自动识别技术的特性比较　　　　　　　表 3-2

性能指标	二维条码	一维条码	磁卡	IC 卡
成本	低	低	高	最高
信息量	大	小	小	大
信息可复制性	可复制	可复制	不可复制	不可复制
读写特性	可读不可写	可读不可写	可读写	可读写
寿命	长	长	短	短

　　表 3-2 所列示的四种存储手段中，一维条码的成本最低，但其容量有限，只能储存少量的数字信息。这也就意味着，一维条码只能存储索引信息，而物品的详细描述则需要从数据库中调取。

（一）国际二维码产业发展现状

　　到目前为止，全世界已有上亿张印有二维条码的证卡。美国海军、欧洲物流领头羊 TNT 和 3M 等大客户也采用了二维条码物流 / 物资管理系统。西方一些公司甚至推出了二维条码医院应用系统（包括二维条码病历和处方自动取药）。表 3-3 罗列出了很小一部分典型范例。

二维条码的应用案例　　　　　　　　　　表 3-3

政府	几十个国家的证卡应用。仅美国就有三十多个州在各种 ID 卡上使用二维条码
	美国多个州的汽车排放 / 安全检测
	1994 年世界杯安检 / 物流管理
	西班牙税表应用
	新加坡和印度尼西亚跨海轮渡管理
	韩国文档应用（手机识读应用）
医疗卫生	英国各血库之间血液标本的传送
	新西兰医疗诊断实验室
	西班牙医疗处方应用

续表

物流 / 资料 / 邮政 / 生产	3M 计算机资料管理
	英国 CITY LINK 速递公司
	RCA 产品生产管理
	美国海军的物资管理
	RPS 包裹公司
	欧洲物流领头羊 TNT
	DOD 物流公司应用
	美国 Subaru Isuzu Automotive 生产线应用
	美国 UPS

（二）中国二维条码产业发展现状

从中国目前的情况来看，应用最广泛的还是一维条码，这是由于一维条码的应用历史很长，工业化程度极高，因而具有很强的在位者优势。但正如前文所述，一维码由于受信息容量所限，只能存储索引信息，因此，从长期的观点来看，一维条码有被二维条码逐渐取代的趋势。

近年来，条码识别技术的应用领域进一步拓展，如果大家留意，就会发现在近一两年，身边许多东西，例如定额发票、信封、门票、车票、手机部件、中英街边防证、政府文件和政府办事回条等，都有一个小的图案，这就是二维条码。二维条码在中国已度过了认知阶段，开始走入应用阶段，并已成为条码产业的主要推动力。

从产业发展队伍的角度看，尽管中国现有近千个从事条码和自动识别的企业，但有一定规模的也就 30 多家。经过多年的发展，新大陆、南开戈德、武汉矽感科技、京成条码、维深、先达、山东新北洋、上海力象等公司脱颖而出，提供产品从条码打印机到数据扫描、采集一应俱全，成为中国二维条码产业的主力军。这些成规模企业主要分为以下三类：

第一，国外设备销售和应用集成：维深和上海力象等公司；

第二，硬件生产（合作生产并具有一定自主研发能力）：福建新大陆等公司；

第三，自主二维条码技术和硬件生产：上海龙贝、武汉矽感科技等。

从产业应用的角度看，进入 21 世纪后，二维条码在中国有了飞速的发展，出现很多典型的应用范例。比如"文件处理条码自动识别化的信息系统"已在近百家国家政府机关（如国务院办公厅中央国家机关机要文件交换站、中联部、国家安全部、商务部、科技部、农业部、教育部、检察部、国家工商总局、中国人民银行、北京市政府、吉林省政府、广州市政府等）中得到应用；国家工商行政管理总局、国家邮政局速递局、中国印钞造币总公司、铁道部、山东电力集团、深圳市民中心、青岛地税局、沈阳烟草专卖局等都已采用二维条码技术来提升他们的管理水平和生产效率；高交会"参展证"、深圳"两会"代表证、杭州二维条码"急救服务卡"、武汉车管所的二维条码驾驶证和深圳二维条码边防证等证卡应用；海尔物流管理、武汉钢铁公司的生产管理、吉利/长安/上海大众等汽车生产销售管理、摩托罗拉（中国）电子生产线作业管理等一系列企业应用；深圳新大好超市和沈阳百盛购物中心等零售服务领域的应用；中国三军一些部队的二维条码仓库管理试点；深圳"全球通演出季"二维条码电子票、长沙麦当劳二维条码折扣券和上海二维条码电子电影票等手机二维条码业务的应用。

从上面所举的例子，我们可以看出二维条码的应用已渗透到中国国民经济的各个方面，尽管这些应用都是在相对封闭领域内的独立应用，但我们可以从这些应用中看到中国二维条码应用发展的良好势头和巨大市场前景。如何保持这种发展势头并让这种发展使中国的国家利益最大化，成为行业主管部门和众多企业面临的一个巨大挑战。

从产业链的角度看，中国条码企业推出的二维条码应用不算少，但能推动条码大规模使用的几乎没有。大部分应用方案将重心放在识读设备数据快速准确采集的功能使用上，而非由此产生的数据增值和信息增值，仅为使用条码而使用条码。另外，条码的应用往往是跨行业的，而许多应用都未形成产业链的闭环，导致要么达不到使用目标，要么就是在一个低利润小规模的产业链上运行。因此，二维条码产业链可以说是二维条码大规模应用和生产力产生的核心环节。

1. 二维条码产业链构成

二维条码产业链由标准技术专利拥有者、条码应用注册管理机构、二维条码硬软件提供商、系统方案提供商、移动运营商、独立信息服务门户、SP/CP、行业用户、政府、军队和大众终端用户等构成。

标准技术专利拥有者负责二维条码硬软件的生产的许可发放，而条码应用注册管理机构负责二维条码应用的管理，以上策略既保证了标准技术的知识产权，又使条码的使用统一规划，全领域全行业一盘棋，为二维条码全面做大打下了良好的基础（图3-1）。

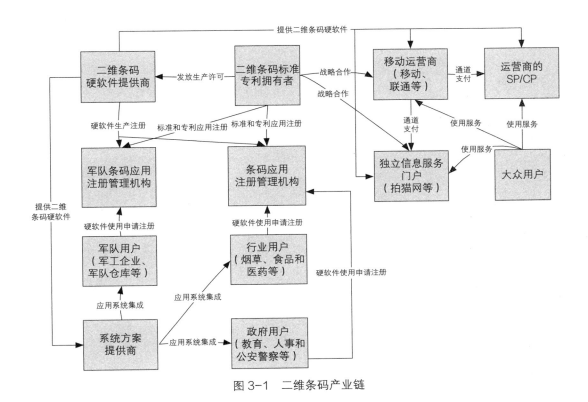

图 3-1　二维条码产业链

2. 相关产业链

1) 二维条码手机应用产业链

二维条码产业链中还有一些内嵌的产业链，其中最为典型的便是二维条码手机应用产业链。图 3-2 所示为围绕无线运营商的一种产业价值链模式。

当然，无线应用的产业链模式多多，以上为最为普通的一种模式。除此之外，以独立信息服务门户为核心，也是一种常见的产业链模式。

2) 二维条码产业化印刷产业链

二维条码在物品上和证卡上的使用离不开二维条码产业化印刷的实现，其产业链构成见图 3-3。

二、RFID 产业和市场

提到条码市场，不可避免地要提到 RFID。RFID 作为一种不用"看"标签也可识读的技术，得到了许多人的期望，带有可写内存的 RFID 标签更让一些人怀疑条码包括二

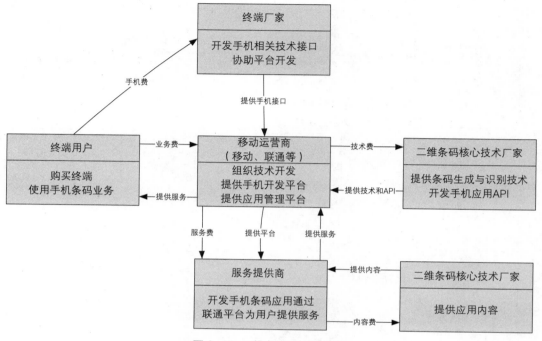

图 3-2　二维条码产业价值链

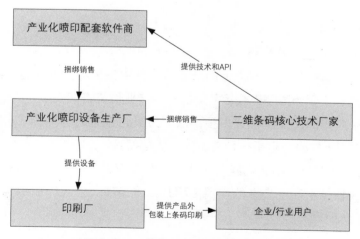

图 3-3　二维条码产业化印刷产业链

维条码是否已成为过时的技术。RFID 是有很多好的特性，但它不可避免地存在一些问题。到目前为止，RFID 大多在"封闭"的系统中使用，例如动物识别和门禁。尽管几个大的零售商和国外防卫部门在他们的供应链中引入了 RFID，但由于缺乏标准、高成

本和金属 / 液体等材料造成的识读技术难题，导致他们一直无法大规模应用 RFID。另外需要提到的是，这些 RFID 的先行者也只是将 RFID 在集装托架上使用，而非在单个物品上使用，因为使用成本高昂的 RFID 技术去跟踪一瓶粉底或一包粉丝，实在没有这个必要，也侵犯到了消费者购买隐私权。因此，RFID 和二维条码在物品标识方面可以说是良性的互补，而非互相的取代。RFID 的快速发展不仅不会取代条码产业，相反会进一步提升二维条码在"一物一码"现代物流体系中的大规模使用。

（一）国外 RFID 产业和市场

第二次世界大战期间，盟国空军采用类似 RFID 的技术来区分敌友飞机（Friend or Foe，简称 FOF），即当我机发出的询问被跟踪飞机上的应答机接收而回复相应密码信号时，即可识别是否友机。1948 年 10 月 Harry Stockman 发表《利用发射的功率进行通信》的论文，首次描述了 RFID 的理论和实现方法。1973 年 Chales Walton 获得第一个用于无源 RFID 闪锁阅读器的 RFID 专利，尔后又推动美国国防部对 RFID 的应用，这主要得益于采用了 IC 芯片技术，由此带动了众多半导体企业、终端及网络设备以及软件开发厂商的积极投入，形成民用市场的全面开花局面，国外知名供应商如飞利浦、TI、微软、HP、IBM、思科、Intel 等。

美国沃尔玛零售公司于 2003 年 6 月向其 100 家供应商提出，到 2005 年 1 月，必须在送往德州 3 个配送中心的 7 家商场的物品上安装 RFID 标签；到 2006 年 1 月，第二批 200 家供应商也加入 RFID 应用行列。沃尔玛的竞争者：Albertsons、Best Buy、Kroger、Target 以及欧洲的 Metro Group 同时启动自己的 RFID 试验。

美国政府是 RFID 行动的另一个重要推动者，美国国防部后勤部门要求供应商在 2005 年 1 月开始对部分库存货物采用 RFID；美国交通部联邦高速公路管理局要求 RFID 制造商共同开发 DSRC（专用短程通信）系统，以降低道路死亡率；美国海关的 CSI（集装箱安全计划）和 SST（智能和安全贸易）通道计划将 RFID 技术作为帮助美国港口保证集装箱安全的措施之一。

在欧洲，欧盟正计划在大面额欧元纸币中嵌入 RFID 标签。英国在研究嵌入 RFID 的汽车牌照，以便在道路或监察车辆中的阅读器能够在 90m 的距离处快速译码识别。由于受到"疯牛"病爆发的影响，欧洲的不低于 60 万头牲畜的成员国必须从 2008 年 1 月开始，在绵羊和山羊的耳朵上挂上电子标签。国际标准组织的 ISO 11784/85 也规定，该措施也将对规定在欧盟成员国之间交易的所有动物强制执行。

其他方面有高速公路电子化收费；基于 RFID 的电子支付系统包括 Exxon Mobil

Speedpass、Master Card 的 PayPass、NCR 的 Freedom Pay 等。Nokia 推出包含 RFID 的用于电子物品支付的手机附件工具包。Nokia、Philips 和 Sony 还成立了源自 RFID 的 Magic Touch 联盟，推动移动商务和信息交换。佛罗里达州 Wannadoo City 主题公园为团体旅游者发放置有 RFID 的门票，有利于团队联络。德州仪器公司与梵蒂冈图书馆合作，用 RFID 识别和管理其近 200 万本藏书和珍品，旧金山公共图书馆也在考虑以同样手段高效管理图书。在飞机制造领域，波音和空中客车公司合作，对其 2000 多家供应商在 2005 年年中开始供应的零部件安装 RFID 标签。微软公司在四月份将成立 RFID 委员会，并宣布在未来的服务器操作系统中增加类似设备驱动程序的 RFID 支持计划。

（二）中国 RFID 产业和市场

随着 RFID 技术的广泛应用，特别是非接触公交卡、校园卡等项目在各地的推广，培养了一批芯片、封装、读写终端和系统集成厂商。这些国内厂商已经掌握了成熟的技术，初步形成了国内的 RFID 产业链。

三、传感器产业和市场

最新的传感器技术大多首先在国外发展起来，但是真正的应用却往往首先在中国实现，这正是源于中国庞大而多样的传感器市场特点，了解国内外传感器产业发展现状，有助于把握物联网国家发展需求，预测发展方向。

（一）国际传感器市场发展概况

全世界现在大概有 40 个国家从事传感器的研制、生产工作，研发、生产传感器的单位有 5000 余家。其中，美国、欧洲、俄罗斯各有 1000 余家，日本约 800 余家，产品达 20000 多种。美国约有 100 多个研究院所和院校从事研制工作，约有 17000 种传感器。

传感器是一个颇具潜力的行业，各国传感器生产和研发的规模在不断扩大。全球传感器市场正以年均增长率达 5.3% 的速度持续稳定发展。

（二）中国传感器产业发展现状

中国早在 20 世纪 60 年代就开始涉足传感器制造业。1972 年组建成立中国第一批压阻传感器研制生产单位；1974 年，研制成功中国第一个实用压阻式压力传感器；

1978 年，诞生中国第一个固态压阻加速度传感器；1982 年，国内最早开始微电子机械系统加工技术和绝缘体上硅技术的研究。

在改革开放初期，随着国外芯体和国产化芯体的逐渐普及，中国原有的压力传感器基础产业生产线被迫纷纷下马，大量国外芯体的涌入使得原本复杂的制造工艺变得简单，国内的几家大规模生产传感器芯体的企业，其芯片主要来自于美国和德国。

30 多年来，在"发展高科技，实现产业化""大力加强传感器的开发和在国民经济中的普遍应用"等一系列政策导向和支持下，在蓬勃发展的中国电子信息产业市场的推动下，传感器已形成了一定的产业基础，并在技术创新、自主研发、成果转化和竞争能力等方面有了长足进展，为促进国民经济的发展作出了重要贡献。

虽然中国涉足传感器制造业的起步不是很晚，但是今天活跃在国际市场上的仍然是德国、日本、美国、俄罗斯等老牌工业国家。在这些国家里，传感器的应用范围很广，许多厂家的生产都实现了规模化，有些企业的年生产能力能达到几千万只甚至几亿只。相比之下，中国传感器的应用范围较窄，更多的仍然停留在航天航空以及工业测量与控制上。

目前，国内传感器产业的尴尬是：大企业不愿意做，小企业做不了。由于每个领域都需要量身定做的传感器，虽然有市场需求，但市场规模并不大，导致传感器厂家的技术投入成本太高；相反，传感器产品技术是建立在新型敏感材料、纳米技术、生物技术、仿生技术、新型储能技术和极低能耗技术上，小企业却根本不具备这种技术能力。

国内传感器发展水平与国外相差甚远的原因，主要是技术基础薄弱，研究水平不高，缺乏自主知识产权。中国从事敏感元件与传感器研制生产的企业、单位有 1688 家，但研制、生产综合实力较强的骨干企业较少，仅占总数的 10% 左右。中国目前很多企业都是引用国外的芯片加工，自主研发的产品少之又少，自主创新能力非常薄弱。甚至许多企业仅停留在代理国外产品的水平上。国产传感器企业按照长期依赖国外技术的惯性发展至今，在技术上形成了"外强中干"的局面，不仅失去了中高档产品市场，而且也直接导致自己能生产的产品品种单一，同质化十分严重。甚至有相当一部分国产产品只能模仿别人的外形，即使这样，由于技术水平低，模仿产品的灵敏度、精度和可靠性也差强人意。

四、微电子产业和市场

中国内地的微电子产业起步于 1965 年，在之后 30 年间发展缓慢，与世界发达国家和地区的差距越拉越大。到了"九五"计划期间，国家加大投资，才拉开了新世纪中国内地加速发展微电子产业的序幕。目前，中国微电子产业已经形成了由集成电路设计—制造—封装测试组成的微电子产业链。

长期以来，中国 IC 市场以数倍于全球市场的增速高速增长，近来增速正在向全球市场靠拢。但高端产品靠进口，低端产品可出口，进口大于出口的现象仍然比较明显，且大部分微电子企业为外资所主导。产业的突围需要技术的"硬"突破，更需要适合产业生存发展的政策体制"软"环境的扶持。目前来看中国微电子产业的发展在人才、体制、管理等方面遇到了发展瓶颈，构成了对中国微电子产业发展的挑战。具体体现在：

第一，核心技术受制于人，高性能通用/嵌入式 CPU、高速 A/D、EDA 软件、核心 IP 等基本依赖进口。第二，产业规模小，大企业少，制约可持续发展。集成电路产业发展具有一定的周期性和规律性，当前，中国集成电路企业普遍较小，在产业发展低谷时，抗风险能力弱，影响可持续发展。第三，体制机制有待进一步完善，风险投资机制仍需健全，以企业为主体的创新体系有待完善，政府部门对产业的引导、监管和服务能力有待进一步提高。第四，高端复合型人才缺乏，海归创业成为产业的生力军。随着整机技术、芯片技术、软件技术以及其他应用技术的融合，对集成电路从业人员提出了更高的要求。第五，面向产业提供技术创新服务的能力偏弱，资源相对分散，没有形成覆盖全国的产业技术创新服务网络。

目前世界微电子市场从开发到量产的周期大概是十年，现在微电子的世界市场增长率处于低谷时期，这个时候如果我们能实现微电子技术的新突破，会迎来一个新的市场高峰。

中国集成电路市场约占半导体市场的 85%，MOS 电路约占集成电路市场的 90%，数字电路约占 MOS 电路市场的 90%，在数字电路市场中，处理器、存储器、逻辑电路三分天下。嵌入式处理器、专用处理器可以进入市场。存储器市场中，SRAM 和 DRAM 由于设备、专利等壁垒，进入市场的可能性不大，Flash 将成为存储器成长的关键驱动器。非易失存储器（NVM）中，NOR Flash 和新型存储器有可能取得市场突破。逻辑电路与模拟电路是与集成电路设计结合最紧密的产品，新型逻辑电路与模拟电路有可能开辟新的市场领域，新型结构器件是中国逻辑集成电路开拓国内外市场的重要突破口之一。

无论如何，这些市场的突破建立在技术突破的基础上，中国是全球最大的微电子市场，若能尽可能大地解决困难，抓住机遇，在市场低谷期加大基础研究的力度，实现技术突破，将迎来市场的又一个高峰，带动国家经济的腾飞。

第三节
网络层产业剖析

技术是产业的核心和基础，产业是技术的依托，是技术向市场转化的桥梁。网络层技术的研究主要有互联网技术、无线网络技术和网络安全技术三条主线，可以形成互联网产业、无线网络产业和网络安全产业。但本层的主要任务是信息的传输，概括地说以上三种产业涉及很多 CP 产业，在此，我们只讨论由传输而直接形成的产业，最主要的包含光纤传输产业、掌握无线传输的中国运营商产业和传输不可逾越的网络安全产业。

一、光纤传输产业

一般来讲，光纤传输产业包含光纤光缆、光电器件（含有源光器件、无源光器件、光电端机等）、光传输设备（含 PDH、SDH、WDM、DWDM 等光传输设备）产品，光通信设备、光纤光缆、光器件构成光纤通信系统的三大组成部分。

随着技术的进步和大规模产业的形成，光纤价格不断下降，应用范围不断扩大：从初期的市话局间中继到长途干线进一步延伸到用户接入网，从数字电话到有线电视（CATV），从单一类型信息的传输到多种业务的传输。目前，光纤已成为信息宽带的主要媒质。进入 21 世纪后，由于因特网业务的迅速发展和音频、视频、数据、多媒体应用的增长，对大容量（超高速和超长距离）光波传输系统和网络有了更为迫切的需求。

（一）国际光纤传输产业和市场

2000 年左右形成了第一波光纤光缆的需求高涨，主要驱动力是骨干网光纤化和互联网泡沫驱动。互联网泡沫破灭之后，全球光纤需求从 2001 年的 1.1 亿芯公里腰斩到 2003 年的 5500 万芯公里，随后开始漫长的复苏之旅。首先开始于欧美市场的光纤接入网，日本、韩国和美国、欧洲相继开始 FTTx 的建设，推动了光纤市场的初步复苏。中国市场的城域网光纤化则为复苏增添活力。根据某光纤厂商的内部统计，从全球不同地区的光纤需求量看，2007 年亚太（主要是中日韩）和北美占了全球需求的 82%。2008 年全球电信服务供应商的资本开支达到了高原，这标志着一个五年投资周期的结束和三年撤资周期的开始。2009 年，全球服务供应商资本开支下降不超过 6%，主要是由于中东和非洲地区重大资本支出震荡、美元疲软、美国宽带刺激拨款延误等因素。2009 年全球服务供应商的收入只有很轻微的下降。在移动通信服务的推动下，2009 年，全球服务供应商收入达到 1.67 万亿。目前，全球已进入大规模 FTTH（光纤到户）服务阶段，未来光纤产业的全球市场将持续增长。

（二）中国光纤传输产业和市场

后 3G 时代，移动、联通、电信作为全网运营商将展开激烈的竞争。对光通信的增量需求体现在两方面，一是各运营商，特别是联通、电信由于目前基站数远少于移动，将下大力度完善其网络覆盖能力，改善用户体验以增强竞争力，而 3G 建设亦带来对 3G 基站的需求，且由于 3G 使用频率高于 2G，这也决定了 3G 将需要比 2G 更多的基站才能保证达到同样的覆盖效果。3G 建设将会带来光传输市场新增需求约近百亿元。

另一方面，后 3G 时代的竞争将使宽带成为运营商争夺的一大焦点。对运营商而言，宽带不仅是利润的重要来源，也是支持 3G 发展的重要因素。目前，中国电信和中国联通各自在南北方的固网市场呈割据垄断，为了进一步增强竞争力，向全国布网延伸将变得很重要。而中国移动作为新进入者，肯定会在此前很少涉足的宽带市场谋求发展。这都意味着运营商将需要积极扩建其光传输网络。

另外，FTTH 建设将成为刺激其发展的长期因素。随着光纤接入市场技术的成熟及光纤、光传输设备价格的不断下降，国内 FTTH 建设将大规模启动以适应国内宽带用户的迅猛增长及内容应用的不断扩展。

随着国内光电子器件厂商研发能力及生产工艺的提高，再加上产品的成本优势，国内企业出口力度逐渐加大。而国外通信设备厂商出于竞争加剧的考虑也更倾向于加大对国内产品的采购力度，甚至将生产和研发基地向国内转移，这进一步带动了国内光电子器件企业的需求。本土设备厂商，如华为、中兴等，抓住国内 3G 建设热潮与国外传统设备商受金融危机影响较大的大机遇大大提升了国际市场份额，华为其设备销售已经跻身全球前三，中兴也位于第二梯队的前列并有加紧追赶的趋势。这也使上游的国内光电子器件商从中受益。

3G 和 FTTH 建设及"三网融合"实施将是光纤光缆产业发展的持续动力。未来，中国还应加快光棒国产化进程，完善产业链，加大研发投入，扩展光纤应用新领域，注重走出国门、开拓国际市场是发展方向，将融合、创新作为未来中国光纤传输产业发展的主旋律。

二、网络安全产业

中国互联网络信息中心 2011 年发布的报告显示，仅 2011 年上半年，遭遇过病毒或木马攻击的网民就有 2.17 亿人，占网民的 44.7%。有过账号或密码被盗经历的网民达 1.21 亿人。有 8% 的网民最近半年内在网上遇到过消费欺诈。"针对中国互联网基础设施和金融、证券、交通、能源、海关、税务、工业、科技等重点行业信息系统的探测、渗透和攻击逐渐增多，金融行业网站频频遭遇'网络钓鱼'，成为不法分子骗取钱财和窃取隐私的重点目标。中国网络安全形势日趋严峻复杂[①]"。

在物联网时代，更多的信息需要传输，更多的"物体"被连入互联网，更多的"事物"会因为传输更被激活，这也加剧了网络安全产业的需求。

（一）全球网络安全产业发展现状

随着网络时代的到来，网络安全产业在全球都已成为被关注的焦点，具体来讲，呈现出如下的特点。

1. 各国更加重视网络安全，促使产业逆势增长

各国对网络安全的重视程度明显提升，美、欧、俄、韩等国家纷纷调整网络安全政策和体制，国际社会进入网络空间的战略调整期，各国对于信息安全的一系列战略带来更大的市场需求，促进信息安全产业的快速发展（表 3-4、表 3-5）。

2007～2009 年全球网络安全产业规模及增长率　　表 3-4

类目＼年度	2007 年	2008 年	2009 年
产业规模（亿美元）	778.16	828.74	885.09
增长率	14.8%	6.5%	6.8%

（资料来源：中国电子信息产业发展研究院）

---

① 新华网，2012-01-12.http://it.southcn.com/9/2012-01/12/content_36344624.htm.

2007～2009 年全球主要国家网络安全产业规模   表 3-5

地区/国家	类目	年度 2007 年	2008 年	2009 年
美国	产业规模（亿美元）	309.71	337.87	346.07
	增长率	13.4%	9.1%	2.4%
欧盟	产业规模（亿美元）	235	255.56	262.87
	增长率	14.4%	8.7%	2.9%
日本	产业规模（亿美元）	86.38	96.13	99.13
	增长率	13.8%	11.3%	3.1%

（资料来源：中国电子信息产业发展研究院）

2. 高危漏洞大幅增长，社交网站成为主要攻击对象

2009 年全球共发现信息安全漏洞 5382 个，2011～2012 年一系列"盗号事件"更是将高危漏洞的危害显露出来，高危漏洞所占比例与以往相比呈现大幅上升势头。

就全球来看，社交网站是目前高位漏洞的主要攻击对象。Twitter、Facebook 等社交网络的兴起与广泛应用，用户数量庞大和用户之间的信任度高的特点使得其成为在线犯罪活动的理想目标。

3. 新技术、新产品层出不穷，云安全进一步发展

各大厂商每年都会推出众多的信息安全新技术、新产品，帮助用户抵御各种信息安全威胁。目前，随着"物联网""云计算"高潮的到来，"云安全"成为热门。不论是新技术还是新应用，业内众多主流安全厂商都在向"云"靠拢，一些实质性产品也相继发布。

4. 网络安全产业国际收购高潮结束，供应链安全凸显

受金融危机影响，自 2009 年起网络安全领域的并购显著减少。从并购实际看，如何保障信息技术供应链的安全问题逐渐凸显，并开始得到重视。美国已经把这个问题上升至危及美国核心利益的高度。美智库国际战略研究中心在向美第 44 届总统提交的《信息安全建议书》中明确提出要高度重视信息技术供应链的安全。

5. 网络环境日益复杂，融合发展趋势明显

影响网络安全的因素也变得越来越多，用户需要功能比较多、性价比相对高、使用方便、有效管理、配置简单的产品，产品的发展和用户需求的结合则出现了融合。主要表现：以 UTM 为代表的产品方面的融合，以 SOC 平台为代表的管理功能方面的融合，存储与密码的融合，产品技术与应用的融合等。单一的安全产品先是向简单集成转化，再到综合解决方案的提出，然后到软硬件包容为一体化有机整体的安全融合。融合技术是大势所趋。

（二）中国网络安全产业发展现状

总体来讲，中国网络安全产业总体处于发展初期：产业已初具规模，产品门类较为齐全，基本建立了技术研发、产品生产和销售服务体系，在部分主流产品上，初步满足目前国家信息化建设的基本需要，为国家信息安全保障体系建设奠定了一定的基础。

1. 主流产品格局初步形成

目前，中国网络安全产业总体来讲可以分为安全硬件、安全软件和安全服务三大格局，具体来讲已形成商用密码、防火墙、防病毒、防入侵、身份认证、网络隔离、安全审计、可信计算、备份恢复等多个主流产品的格局。出现了综合集成和一体化管理平台等新的技术产品和应用。

2. 安全标准化工作稳步推进

信息安全标准化工作已进入"统一领导、协调发展"时期。目前，已经制定了信息安全标准体系框架，初步形成了信息安全基础、技术、管理、测评为主的标准体系。

3. 安全产品管理体系日益健全

国家各有关部门逐步加强对网络信息安全管理，建立了相应的安全产品和服务的准入管理制度，国家信息安全产品测评认证体系初步建立，不同行业和部门对信息安全产品的应用制定了相应要求。

4. 人才培训体系逐步完善

包括技术研究、产品开发、安全服务、经营管理等多门类的信息安全专业人才队

伍初具规模。信息安全教育和培训体系逐步建立，一些高等院校陆续设立了信息安全院（系）、信息安全专业或课程，社会和企业开展了信息安全技能教育和培训，社会上关注和研究信息安全的人员不断增加，使得信息安全专业人才的来源日益多元化。

但是，目前中国信息安全产业仍然存在很多问题，比如产业促进政策缺乏，政策环境亟需改善；管理机制不健全，安全意识淡薄；核心技术缺乏，产业自主可控性弱，产品配套能力不强，安全服务尚不规范；标准引导作用不足，管理体系亟待优化等。

（三）中国信息安全产业发展趋势

总体来讲，未来中国的信息安全产业价值流动将从单一产品向安全解决方案演变，安全集成将更加普及，主动性安全产品将更受欢迎，新应用将推动安全网关升级换代，安全审计应用领域将更加广泛，同时并购整合、上市融资等将加速信息安全企业的分化。具体来讲，可能有如下趋势。

1. 技术向关联性、主动性方向发展

网络安全技术朝着构成一个完整、联动、快速响应的防护系统方向发展，采用系统化的思想和方法构建信息系统安全保障体系成为一种趋势。安全技术逐步由传统的被动防御向主动式预防和防护发展，可信计算、主动式恶意代码防护等技术日益受到重视。

2. 产品向高速化、系统化、集成化方向发展

网络和信息系统性能的不断提高，需要网络安全产品不断提高性能以满足高速、高性能环境下的安全保护需求。随着网络和信息系统日趋复杂，必须将信息安全技术依据一定的安全体系设计进行整合、集成，达到综合防范的要求。信息安全技术也日益融合到信息技术产品和系统中。

3. 产业形态向服务化方向发展

产业发展将逐步从当前的技术主导转化到技术与服务并重，服务将成为产业发展新的增长点。产品功能的趋同和成本下降，使得厂商核心竞争力逐渐集中到服务能力上，由此带动安全市场向服务化发展。信息系统的日趋复杂和防护要求的日益提高，促使信息系统建设单位将信息安全服务外包，并催生专业化网络信息安全服务公司。

第四节
应用层产业剖析

　　物联网的应用层主要包括公共技术、中间件软件和云计算。其中，云计算是一种技术，是一种计算模式，更代表了物联网应用的模式，是公共技术和中间件技术发展的依托，是物联网应用层的关键。云计算产业的发展直接影响到物联网的商业模式，关系到物联网产业的兴衰成败，物联网的东风也加速了全球对云计算产业的关注。物联网与云计算相辅相成，携手成为目前信息产业"最闪亮的明星"。中国智慧产业相关企业涉足的应用领域包括：智慧交通、智慧政府、智能安防、智慧旅游、智慧医疗、市民卡、智慧社保、智慧卫生、商业智能、智慧建筑、智慧物流、智慧建筑等领域（表3-6）。

代表性物联网应用上市企业情况　　　　　　　　　表3-6

企业	总部所在地	领域	所有产品	涉及行业
国电南瑞	南京	智慧电力	电网调度自动化；变电站保护及综合自动化；轨道交通保护及电气自动化；火电厂及工业控制自动化；农电/配电自动化及终端设备；电气控制自动化；用电自动化及终端设备	农村电网自动化；轨道交通电气；保护自动化；电网调度自动化；变电站自动化；火电厂及工业控制自动化
金智科技	南京	智慧电力、智慧建筑	发电厂电气自动化装置及系统；变电站综合自动化装置及系统；电力自动化其他产品；IT服务相关产品及服务；建筑智能化产品及服务；高校信息化产品及服务；光伏发电	电力自动化；IT服务及其他；建筑智能化；高校信息化；光伏发电；其他
东华软件	北京	智慧建筑	系统集成；自制及定制软件；技术服务；其他	通信；电力、水利、铁路交通；政府；金融、保险、医保；计算机服务；制造业；其他
海康威视	杭州	智慧交通、智能安防	后端音视频；前端音视频；其他	安防设备
万达信息	上海	智慧社保、智慧卫生、智慧政府	软件开发；运营服务；集成服务	卫生服务；民航交通；工商管理；电子政务；教育科技；环保；物流管理等

续表

企业	总部所在地	领域	所有产品	涉及行业
中软国际	北京	商业智能	R1 系列产品；TopLink/TSA+ 系列产品	政府；金融；制造与流通；电信；交通与物流；信息科技
神州数码	北京	智慧旅游、智慧政府、智慧医疗、市民卡	软件；硬件；服务；解决方案	软件服务和集成服务

（资料来源:《2012 中国软件和信息服务业发展报告》）

物联效应，
物联网撬动社会变革

第四章

物联网像一张无疆之网，不仅涉及城市公共安全、工业安全生产、环境监控、智能交通、智能家居、公共卫生、健康监测等多个领域，而且能将这些连接起来，让人们享受到更加安全、更加轻松的生活。但是，由于对隐私的保护、历史的沿革以及惯性思维等的影响，各种利益群体胶着牵连，使得很多物物相连的进程倍受桎梏。但无论如何，还没有察觉之际，我们已经被"随风潜入夜，润物细无声"般席卷到物联网之中，成为感知的主体。不管我们愿意还是不愿意，物联网时代已经到来，社会的变革已经开始。

第一节
物联网应用的积极影响

物联网具有高度的创新性、渗透性、倍增性和带动性，极大地促进了社会生产力的发展，是中国经济结构调整的带动产业，也是中国产业升级的重要推动力。它不仅能够改善人们的生活质量，向社会提供更多的就业机会，改变人们的社会生活方式，而且能够促进相关领域的科学技术发展，从而推动整个社会的进步。

一、物联网改善人们的生活质量

物联网技术对节能减排、保护生态环境、发展低碳经济具有明显的优势，而在智能家居方面更是有独特的优势，能够在衣、食、住、行方面全面提升人们的生活质量。

物联网可以对人们的健康实施监控，以保障身体健康；可以帮助照顾家中的老人、小孩和病人；可以做机器保姆等。具体涉及的应用包括：公共安全、城市运行管理、生态环境、城市交通、农业、医疗卫生、文化等（表4-1）。

物联网应用场景举例　　　　　　　　　表4-1

应用领域	应用场景
公共安全	监测环境的不稳定性，根据情况及时发出预警
	加强对重点地区、重点部位的视频监测监控及预警
	加强对危险物品监控、垃圾监控、可燃物排放、有毒气体排放、医疗废物、疾病预防控制等的全流程过程监测和控制
	对建筑工地、矿山开采、水灾、火警等现场的信息采集、分析和处理
	监察执法管理的现场信息监测
	智能司法管理
城市运行管理	城市网格、部件监控管理，如井盖等
	城市水、电、燃气、热力等重点设施和地下管线实施监控
	各类作业车辆、人员的状况，对日常环卫作业、扫雪铲冰、垃圾渣土消纳进行有效的监控
	建立户外广告牌匾、城市家具、棚亭阁、城市地井的管理体系
生态环境	大气和土壤治理，森林和水资源保护，应对气候变化和自然灾害
	污染排放源的监测、预警、控制
	空气质量、城市噪声监测
	水库河流、居民楼二次供水的水质检测
	森林绿化带、湿地等自然资源的情况监控
城市交通	道路交通状况的实时监控
	道路自动收费
	智能停车
	实时的车辆跟踪
农业	农作物生长环境监测控制、动物健康监测、动物屠宰监测
	主要农副产品、食品、药品的追溯管理
	土壤成分、水分、肥料变化情况监控
	食品加工各环节跟踪

续表

应用领域	应用场景
医疗卫生	医疗、药品监管
	血浆采集监控
	医疗电子档案管理
	公共卫生突发事件管理
文化	智能文化创意园
	文化监管
	文物、古树、文化古迹保护

二、物联网提升城市管理水平

物联网对城市管理的影响主要体现在：一方面，深入开发和应用空间信息资源，建设服务于城市规划、城市建设和管理，服务于政府、企业、公众，服务于人口、资源环境、经济社会的可持续发展的信息基础设施和信息系统；另一方面，基于宽带互联网的实时远程监控、传输、存储、管理的业务，利用中国电信无处不达的宽带和 3G 网络，将分散、独立的图像采集点进行联网，实现对城市安全的统一监控、统一存储和统一管理，为城市管理和建设者提供一种全新、直观、视听觉范围延伸的管理工具。

（一）智能交通

智能交通就是通过在基础设施和交通工具中广泛应用信息、通信技术来提高交通运输系统的安全性、可管理性、运输效能的同时降低能源消耗对地球环境的负面影响。

早在 20 世纪 80 年代，欧美等经济发达国家，就已经开始智能交通的发展计划，到目前智能交通已经发展成为一个集交通信息提供系统、车辆运行管理系统、安全驾驶辅助系统、动态路径指引系统、环境保护系统、电子收费高速公路与车辆管理系统等为一体，涉及交通、环保、公安、保险、汽车制造、汽车安全保养等多个环节的综合系统。

（二）智能电网

智能电网是以先进的通信技术、传感技术、信息技术为基础，以电网设备间的信息交互为手段，以实现电网运行的可靠、安全、经济、高效、环境友好和使用安全为目的的先进的现代化电力系统。

　　智能电网被美国政府列为其绿色经济振兴计划的关键性支柱之一，目前美国智能电网技术主要应用在智能电网平台、电网监控和管理、智能计量、需求方管理、集成可再生能源、充电式油电混合车或全充电式汽车电网等方面。中国的智能电网建设尚处于初级阶段，现阶段正在实施数字化电网的改造工程，智能化电网的建设对于保障能源安全、提高能源效率、改善能源结构、应对气候变化、提升服务水平都具有重要作用。

（三）智能安防

　　安防与物联网具有天然的共融性，目前 70% 以上的物流应用子系统都涉及安防系统，通过对传统安防系统的图像信息和分析业务进行整合，可以有效提升管理效率。

　　由中国科学院微系统所自主研发的"电子围栏"即是物联网对城市安全统一监控的一种形式，该系统已应用于上海世博会，为 $3.28km^2$ 围栏区域的世博园提供 24 小时安全防护，其作用抵得上成百上千名保安、警察的轮番值守。城市的数字化管理基于地理信息系统（GIS）、全球定位系统（GPS）、遥感系统（RS）等关键技术，开发和应用空间信息资源，建设服务于城市规划、城市建设和管理，服务于政府、企业、公众，服务于人口、资源环境、经济社会的可持续发展信息基础设施和信息系统。

（四）环境监测

　　物联网作为一次新的产业浪潮引领技术，成为全世界瞩目的又一焦点。环境监控是物联网技术应用最早，也最为成熟的领域。采用无线传感和监测技术，可以对空气、水质、噪声等进行监测、预警和处置，保障环境质量；对自然环境进行监测，加强对生态环境的保护。20 世纪 90 年代中期，随着中国经济的高速发展，企业超标排污、生态环境质量恶化问题开始凸显。为保护环境，从中央到地方各级环保部门开始积极探索使用法律、行政、经济、技术手段加强环境监管。

　　目前，全国共建成省、市级污染源监控中心 306 个，共对 12 665 家企业开始实施自动监控。在重点污染源自动监控起步的同时，1999 年，环保部门开始建设空气质量自动监测站和水质重点监测站。目前，已建成国家地表水水质自动监测站 100 个、环境空气自动监测站 661 个，每天在各类媒体和环保部门的网站向全社会发布实时信息。2009 年中国环境一号 A、B 卫星在轨交付使用，构建起了空间监测大网。环境一号 A、

B星均为光学卫星，拥有 CCD 相机、热红外相机、超光谱成像仪等多种遥感探测设备，是目前国内民用卫星中技术最复杂、指标最先进的对地观测系统。目前，环境一号卫星已在水体蓝藻水华监测、沙尘暴监测、秸秆焚烧监测、汶川地震环境风险排查等方面实现了成功应用，大大提高了中国生态环境宏观监测的能力。可以说，中国已经基本构建起了由环境卫星（宏观）、环境质量自动监测（区域流域）、重点污染源自动监控（微观）三个空间尺度监控构成的天地一体化的环境监控体系。[1]

例如：可以利用部署在大街小巷的全球眼监控探头，实现图像敏感性智能分析，并与 110、119、112 等交互，实现探头与探头之间、探头与人、探头与报警系统之间的联动，从而构建和谐安全的城市生活环境。

三、物联网促进科技的发展

数字技术的出现使得世界的科技发展突飞猛进，伴随而来的是互联网的高速发展。今天，在互联网发展的带动下，物联网又来到我们面前。

信息技术一直围绕香农信息论的模型在展开，物联网可以说贯穿了信源、信道、信宿三个结点，具有广泛的技术基础。现今社会，任何一门科学与一项技术的发展都不能离开信息技术的辅助，物联网是新时代信息技术的具体表示，物联网将成为科技进步的基础，促进科技进步的发展。

吴邦国指出，国际金融危机带来了一场空前的科技革命，催生了一批新兴产业。努力抢占技术制高点，培育新的经济增长点，是转变经济发展方式、推进结构调整和产业升级的内在要求，也是参与国际竞争、掌握发展主动权的客观需要。他强调，要找准国际产业发展新方向，扬长避短，把培育物联网、智能电网、低碳技术、生物技术、新材料等新兴产业作为国家发展战略，加大科技投入，加强自主创新，攻克技术难题，掌握关键技术，加快产业化进程，切实增强经济的整体质素、发展后劲和抵御风险能力，确保中国在新一轮国际竞争中掌握主动权。[2]

---

① 刘立琦. 物联网发展应用给经济社会带来的影响 [J]. 物联网技术，2011（7）：22-24.
② 2010 年 3 月 6 日，中国中央政治局常委、全国人大常委会委员长吴邦国参加十一届全国人大三次会议湖北代表团的审议时所说的话。

专栏 4-1

信息论

　　20 世纪 40 年代末，无线电通信和自动控制技术的产生和发展，促使人们进一步趋向研究和发展信息理论和技术，1948 年，在借鉴和吸收纳奎斯特和哈莱特等人思想的基础上，香农发表了著名论文《通信的数学理论》。同年，维纳出版了著名的《控制论——动物和机器中的通信与控制问题》一书，1949 年，香农又发表了他的另一篇文章《噪声中的通信》，这些著作的相继发表，标志着信息论的正式诞生。狭义的信息论指香农的信息论。

图 4-1　信息论模型

　　如图 4-1 所示，信息论认为信息的流动按如下过程进行：
　　①信源产生消息。消息是信息的载体，其表现形式多种多样，如字母、文字、数据、声音、图像、图形等。②消息经过编码变换为适合信道传输的信号，信号成为信息的载体。③信号经过信道的传输，到达信宿之前，经过译码器还原为原来的消息。④消息被信宿接收。注意：信号在传输过程中总会遇到一些干扰，这些干扰一般称为噪声，由于噪声的存在，往往使得消息在传输过程中出现失真或错误，失去部分信息。通信的最佳状态应是信源所发出的信息与信宿所接收的信息是相同的。

四、物联网促进产业全面升级

　　物联网融互联网和移动网于一体，也是信息化的重要载体，没有物联网，国家的信息化、企业的信息化都将成为空中楼阁。反过来看，当物联网成熟之后，将会促进工业化和信息化的全面融合，以物联网的应用发展推动第一、二、三产业实现信息化。物联网现已正式列为国家重点发展的五大战略性新兴产业之一，其中所蕴藏的巨大商机不可估量，未来必将创造出更多的新型企业和新型技术，从而孕育出更多的财富增长点。

第二节
物联网应用的潜在问题

在我们欣喜地看到物联网给个人、企业、产业乃至社会带来无限美好未来的同时，我们也必须清楚地认识到物联网带来的一系列问题。当任何"事物"包括人都被贴上数字化的标签后，社会将变得越来越透明，无论在单位，在家；在天上，在海里；在工作，在休息；在睡觉，在聊天……都会被一双叫"物联网"的眼睛所跟踪，所监视。诚然，社会透明度的增加加重了"公开、公正"的砝码，是"反腐倡廉"的有力武器。但是从人的本性来说，谁愿意随时随地被"偷窥"呢？而当人的一切都不再是秘密的时候，企业内部信息、国家机密又怎能得到有效的保护？当人们越来越信赖会说话的"物体"的时候，又有谁能保证信息传输的绝对安全呢？当一切都自动化以后，流水线上的工人又该何去何从呢？当高科技充斥生活的每一个角落，生活就一定变得高端吗？看似透明，却又充满"雾里看花"的迷茫，不得不引起我们对物联网实施后的恐慌。

提前预见后物联网时代可能带来的一系列社会问题，未雨绸缪，提前规划，物联网才会有真正美好的明天。

一、隐私问题

物联网可能带来的最大问题就是"隐私权"难以得到保证。无论是个人信息、企业信息还是国家信息随时都面临泄密的危险。这不仅仅是一个技术问题，还涉及政治和法律问题。这个问题必须引起高度重视并从技术上和法律上予以解决，物联网才有可能持续发展下去。

（一）个人生活隐私可能被偷窥

生活在"透明"世界中毕竟会很不自在。因此，如何确保标签物的拥有者个人隐私不受侵犯便成为射频识别技术以至物联网推广的关键问题。

（二）企业运营状态随时被监视

对企业来说，随时掌握员工的工作状态似乎没什么不好。有很多企业已经开始用手机定位销售人员的行踪来监督销售人员的工作进度，而物联网带来的节能减排也是每个企业都希望的。可是，电子设备的增多会使整个企业充满传输信号，甚至连企业领导或员工之间的对话都有可能随时被监听，与客户及合作伙伴之间的商业机密被窃听的可能性将大大加剧。

物联网目前的传感技术是有可能被任何人进行感知的，它对于产品的主人而言，有这样的一个体系，可以方便地进行管理。但是，它也存在着一个巨大的问题，其他人也能进行感知，比如产品的竞争对手。那么如何做到在感知、传输、应用过程中，这些有价值的信息可以为我所用，却不被别人所用，尤其不被竞争对手所用呢？

也许对顶层领导来说，掌握公司的运营全局变得容易了很多，但是很大程度上会增加员工的心理负担。等概率事件的信息熵是最大的，实际上透明的环境反而加大了信息筛选的难度。

（三）国家信息安全受到威胁

物联网为信息获取的源头提供了更多的途径，这就使得信道上传输的信息量更大，那么被噪声干扰的可能性就越大。一方面使得信宿获取的信息可能失真，另一方面被窃取或篡改的可能性变得更大。对于国家来说，信息安全是各国博弈的砝码，中国大型企业、政府机构，如果与国外机构进行项目合作，如何确保企业商业机密、国家机密不被泄漏？这不仅是一个技术问题，而且还涉及国家安全问题，必须引起高度重视。

二、就业与教育问题

就业是民生的重大问题，教育是促进就业的有力手段，但是物联网促进社会进步的同时势必会造成当前就业结构的改变，从教育入手，构建物联网教育体系是物联网时代必须跟进的脚步。

（一）对就业冲击的疑问

物联网的出现使得生产效率大大提高，更多的生活、生产、服务环节都可以实现自动化，从而解放出了更多的劳动力，虽然新的环境会产生新的需求，但是新的工作岗位是否能够吸收所有"被解放"出的劳动力目前还无法回答。

如图 4-2 所示，物联网需要很多相关的人才，但是现有的工作岗位很多也会消失，二者的进退问题目前还难以断言。

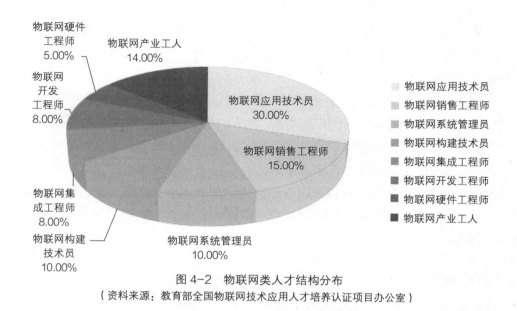

图 4-2　物联网类人才结构分布
（资料来源：教育部全国物联网技术应用人才培养认证项目办公室）

（二）物联网教育现状

　　教育培训是再就业的有力手段，目前中国确实已经开始重视建立物联网的教育框架，并在高等院校和高职院校都开始开设物联网相关专业。

　　教育部从 2010 年开始，陆续对部分一本、二本、三本及高职院校批准开设物联网相关专业，最早从 2011 年开始招生：2010 年 7 月 12 日《教育部办公厅关于战略性新兴产业相关专业申报和审批工作的通知》，批准北京理工大学等 37 所高校开设物联网相关专业；2011 年 3 月 8 日，教育部批准华侨大学等 25 所高校开设物联网工程专业；教育部教育管理信息中心于 2010 年 6 月 26 日正式启动全国物联网技术应用人才培养认证项目（简称：IOT-PRO 实训项目），面向全国高校开展全国物联网技术应用专业人才培养认证考试，并建立了与之配套的专业教学大纲、教学计划、教材、软件、考试题库等。同时，增设以培养物联网专业人才为目标的实训项目——全国物联网技术应用专业人才实训基地，目前已批准的有四个：分别为江苏信息职业技术学院、重庆正大软件职业技术学院、青岛职业技术学院和广西经济管理干部学院。

（三）物联网教育的问题

　　中国已经开始对物联网人才培养进行布局，但还处于初步发展阶段，客观上讲物联网专业人才培养面临着"三缺乏"的现实：即缺乏师资、缺乏教材、缺乏教学设备。

首先，物联网是典型的交叉学科，涉及电子、计算机、自动控制、通信、信息管理等多方面专业知识，是信息科学与技术的大集成。但在教师资源方面，单专业的教师好找，横跨多学科的教师，尤其是"双师型"高复合型教师稀缺，这将在很大程度上阻碍中国物联网人才的培养。其次，随着物联网的提出和发展出现了很多物联网方面的书籍，但多以概念描述为主，或是从单一技术入手（如 RFID 等），能够全面体现物联网技术和应用的教材尤其是实验教材凤毛麟角，选择的余地非常小，且还有待教学实践的检验。最后，掌握技术的最佳途径是实验，但目前各个高校物联网的教学实验设备非常缺乏，物联网研究中的核心部件 RFID，目前国内只有清华、上海交大等三四所高校具备实验实训条件，其他高校都要进行购置，而这些设备都价值不菲，传感器的设备就更加稀缺。

总之，为了迎合中国物联网产业的高速发展，依托高校构建物联网实训基地是培养和孕育物联网人才的有效方式。在高校构建物联网实训基地要面向市场、立足岗位、注重实践、组合开发、多方合作、争取共赢，将基地平台汇聚成实习的平台、培训的平台、技术转化的平台、创业的平台，支撑中国物联网产业的大发展，托起"感知中国"的明天！

专栏 4-2

武汉商贸职业学院"4+1 云共享"物联网实训基地构想

武汉商贸职业学院依托物联网发展的大环境，提出"4+1 云共享"物联网实训基地的构建设想，提出"行动导向、校企共育"的人才培养模式（图 4-3）。

"4+1 云共享"物联网实训基地指的是"一个平台"+"四种功能"。

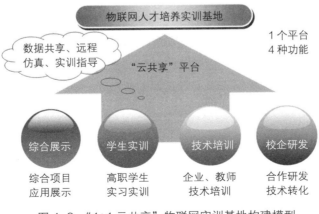

图 4-3 "4+1 云共享"物联网实训基地构建模型

（资料来源：武汉商贸职业学院）

（四）伦理与人性的探讨

美国学者查德·A·斯皮内洛曾一针见血地指出："社会和道德方面通常很难跟上技术革命的迅猛发展。而像中国这样的发展中国家，在抓住信息时代机遇的同时，却并不总是能意识到和密切关注各种风险和为迅猛的技术进步所付出的日渐增长的社会代价。"[①] 这是一个美国学者对中国的善意的提醒，不能不引起我们深思。

多种多样的物联网技术将会改变世界，其应用将遍及各行各业。当人们在享受大量的创新和服务的时候，无处不在的人物联系和交流也会给人类的生活带来负面影响。换句话说，一种新技术改善生活的同时，也会使早先的技术或原来的生活方式黯然失色。所以，要认识到应该使人类和社会的进步在前所未有的技术化与自动化的海洋中得到保存才是遵循社会伦理和人性规范的。

（五）技术与人文

物联网源于技术，更源于文化。物联网传播最重要的不是技术崇拜，而是深邃的人性开掘和浓郁的人文精神。所以，有必要构建物联网技术与人文精神相统一的运作机制，对人类进行道德关怀。

首先，物联网的技术是物联网伦理原则实现的基础，由于技术自身与人类价值目标之间存在着距离，所以，物联网伦理原则的确立必须建立在技术可以达到的发展水平之上。人们突破地域和文化界限形成新型的道德关系，因而在网络资源共享的基础上形成"互惠"的道德要求。其次，物联网技术是物联网伦理原则规范的主要对象，管理者和个人在社会责任与经济利益的矛盾面前，可能失去行为的道德控制力。面对物联网中物拟人化的倾向，必须毫不犹豫地举起道德旗帜，对物联网参与者进行人性化的重塑。

---

① 查德·A·斯皮内洛. 世纪道德：信息技术的伦理方面 [M]. 刘钢，译. 北京：中央编译出版社，1999.

第三节
物联网的关键应用

物联网像一张无疆之网，其应用不仅涉及城市公共安全、工业安全生产、环境监控、智能交通、智能家居、公共卫生、健康监测等多个领域，而且能将这些连接起来，让人们享受到更加安全、更加轻松的生活。以下主要介绍两种关键应用。

一、智慧城市

城市，是以非农业产业和非农业人口集聚形成的较大居民点（包括按国家行政建制设立的市、镇）。《现代汉语词典》中，对城市的定义为"人口集中、工商业发达、居民以非农业人口为主的地区。通常是周围地区的政治、经济、文化中心。"不同的学科对城市的定义也不尽相同。但无疑，城市的出现，是人类走向成熟和文明的标志，也是人类群居生活的高级形式，城市越来越成为一个社会发展的基本结构。城市的发展也随着信息技术的产生和发展而逐渐实现了由地理城市向数字城市的升级，物联网技术的发展将继续推动城市由数字城市向智慧城市演进，促进整个社会的全面升级，而智慧城市也会成为物联网时代社会结构的典型代表。

当今世界发展已进入历史性的重大调整时期，信息技术创新和应用在现代城市发展中的重大作用与潜力已充分凸显，纽约、伦敦、东京等国外城市纷纷加大信息技术在城市管理、服务和运行中的应用，开辟了智慧发展的新模式。在中国，北京、上海、广州、天津、南京、宁波、佛山等城市也积极利用信息技术等现代科技成果加强城市管理、改善城市服务、完善城市功能，探索"智慧城市"建设模式。物联网与智慧城市相辅相成，从技术与社会两个方面反映了信息化的进程。

（一）智慧城市的内涵

智慧城市，是在新一代信息技术的知识经济的加速发展背景下，以互联网、物联网、电信网、广电网、无线宽带网等网络组合为基础，以信息技术高度集成、信息资源综合应用为主要特征，以智慧技术、智慧产业、智慧服务、智慧管理、智慧生活等为重要内容的城市发展新模式。智慧城市不单纯是一个技术性概念，也不是单纯沿袭了数字城市的体系架构，而是城市综合信息的整合与处理，以及各应用系统的关联与协同，最终目标是实现具有高度智能化、良好自我调控功能的城市格局。

一方面，智慧城市是城市信息化发展的高级形态：城市信息化发展历程已经历了数字化建设的阶段，这个阶段为城市信息化提供了一个基础框架，但从根本上来看还是人与人之间的信息交流。但通过运用物联网等新兴信息技术，智慧城市表现出更透彻的感知、更全面的互联和更深入的智能，它的建立可以实现人与人、人与物、物与物的交流，所以智慧城市是城市信息化发展的更高阶段。

另一方面，智慧城市是涉及城市各领域的全新发展模式：智慧城市的建设是要在技术保障的基础之上，建立一个广泛适应于社会、政治、经济、文化等领域的综合"智慧"体系。智慧城市不是城市各领域管理信息系统的简单建立与应用，其特性更主要地表现在城市综合信息的整合与复用，以及各种应用系统的关联与协同，是城市先进性的最直接表现形式，终极目标是实现具有高度智能化、良好自我调控功能的可持续发展的生态城市格局，实现城市自然与人文环境的共生共荣。

（二）智慧城市的特征

与物联网相关联，智慧城市具有以下几点特征：

（1）全面感知：智慧城市是全面感知的城市，所有涉及城市运行和城市生活的各个重要方面都能够被有效地感知和监测起来，遍布各处的智能设备能够源源不断地将感测数据收集起来，传感器林立是智慧城市的重要特征。

（2）充分整合：智慧城市是一个相互连通的有机体，所有这些智能设备都被互联起来，整合成一个大系统。他们所收集到的数据也能够被充分地整合起来，从而使数据变成有价值的信息，使我们获得关于城市运行的一个实时的全图。比如城市整体的交通状况、水质情况、电力消耗情况等，从宏观到微观，都能够实时地了解到。

（3）自我创新：智慧城市在各种智能系统的支撑下，具备自我学习、自我创新、自我管理能力，能够不断完善自己。有了先进的智能基础设施，它就可以自我复制，自我更新。一个智慧的城市应当是自我创新的典范，这些创新应用是最终使人们能够享受到"智慧城市"价值的关键。

（4）协同运作：有了智慧化的基础设施和各种创新应用，整个城市里各个部门、各个流程和每一个人就能够统一协作起来，张弛有序，达到更好的效率与和谐，给社会带来更多的价值：经济的繁荣、信息传递的便利、无障碍的沟通、随需应变的企业、更方便的生活，也会创造更多的市场需求和工作岗位。

（5）产业轻型化和高新技术化：智慧城市产业的结构特征和产业的发展方式将发

生很大变化，服务业将成为城市的主体产业，服务业的产业构成也将发生重大变化：传统商贸业实现电子商务化，信息服务业成为服务业的主体，科技、教育、文化、体育、卫生等成为重要的产业。同时，利用高新技术对传统工业、农业进行改造，使之由过去的以消耗自然资源和劳动力为主，转移到主要依靠技术进步上来，实现经济增长方式的根本改变。

（三）物联网与智慧城市的关系

物联网是智慧城市实现的基础和手段，可以有效推动智慧城市的建设，而智慧城市也为物联网的发展提供了广阔的空间。

智慧城市有效运行的基础在于密布于城市各个方位的传感设备，其具备的智能感知、分析能力，配合数据高效传输，实现无需人为干预的物与物之间协同工作，为提供准确、翔实的数据和具有预测功能的分析报告打下坚实基础。而这种基础能力的获取与物联网技术的充分应用和蓬勃发展不无关联，假如没有物联网技术的全面铺开以及关键技术突破，则智慧城市只能成为一个难以实现的愿景。因此，物联网与云计算、射频视频等技术往往被视为实现智慧城市的核心基础。

智慧城市的兴起与物联网技术的深入发展和广泛应用是不可分割的，互联网把人类社会带入了"信息时代"，而物联网的使命则是要把人类带入"智慧时代"。随着物联网和云计算技术的开展，智慧城市开始具备从幻想向现实转变的条件，当各个国家和地区开展智慧城市建设时，物联网的推广往往成为先行者，因此，物联网的应用水平也成为衡量智慧城市建设进程的重要标志。

智慧城市的特征是广泛应用新一代信息技术，使整个城市实现互联互通、智能响应、协同运作。因此，智慧城市建设首先要实现更透明的感知，进而把相关的信息都统一起来，这就需要发挥物联网的串联作用，所以智慧城市建设对物联网技术的广泛需求对促进物联网发展提供了良好机遇。

智慧城市将"P2P的无限沟通"带入"M2M物联时代"，将通过建设宽带多媒体信息网络、地理信息系统等基础设施平台，整合城市信息资源，为市民提供无处不在的公共服务；为政府公共管理（市政监控、智能交通、电子医疗、数字旅游、城市安全等层面需求）提供高效而有竞争力的手段；为企业提升工作效率，增强产业能力，全面打造数字政务、数字产业和数字民生。其中，运营和实施是智慧城市运行的关键（图4-4）。

图 4-4   智慧城市全景
（资料来源：华为智慧城市报告）

（四）智慧城市的运营

智慧城市是一种理念，是技术的集合，也是一个产业。像其他产业一样，也存在自身发展的产业链条，要运行起来需要积极的运营，运营模式是智慧城市成功的关键。

运营模式可从技术、环境、政府和可持续发展几个角度来考量。从技术角度看，智慧城市的运营以现代通信模式和 ICT 技术为基础、以 WIF /WIMAX 为补充，可实现免费与收费模式并行，真正满足各种需求；从业界环境看，智慧城市突破了传统无线城市单纯网络覆盖的局限，最大限度地挖掘应用价值与潜力，创造全新的价值形态、改变已有的工作方式与生活习惯；从政府认可角度看，智慧城市以政务应用、商业应用、生活应用为核心，构成对社会创造广泛价值的新型智慧城市发展理论；从可持续发展角度看，原有服务可增长空间逐渐萎缩，电信行业从增量经营向存量经营转变，运营商战略转型，价值向软件和服务迁移，运营商应通过灵活的运营模式的引入开辟新的业务增长点。

概括来说，智慧城市可引入以下几种运用模式：

（1）政府独自投资建网：即政府投资并负责维护，政府可将设计、建设和运营外包给专业公司。此种方式的盈利方式可参照已有案例：比如美国得克萨斯州的 Corpus

Christi，市政府将网络容量的40%用于市政服务的自动化服务，将网络容量的60%出租给ISP；或者美国纽约的NYCWiN，非盈利，完全用于建设独立于民用的政务专用网络或公共服务。优点是政府对工程的控制和运营的监管深入；缺点是政府要承担建设费用和相应的风险，需要政府有建设和运营的能力。

（2）政府投资，委托运营商建网：即政府主导并负责主要投资，运营商提供相关支持，例如可使用运营商已有的骨干网，并负责运营维护。盈利方式以免费为主，政府给予运营商一定补贴。用户可以在有无线接入点的地方自由地上网获取信息；或免费上政府网站和公共事业网站等；还可结合部分广告、提供增值服务。例如，新加坡、中国香港、深圳、西安等。优点是政府对网络监管力度大，运营商可利用已有网络、客户资源、运营经验、人才以及资金优势，降低商务风险，增加首期收益；缺点是政府要承担建设费用和相应的风险，运营商对产品规划和发展的控制不足，不能有效地利用设备资源。

（3）政府指导（部分投资），运营商投资建网运营：即在市场培育阶段，政府提供相关的扶持鼓励政策，运营商利用已有网络、技术、产品等优势条件建设。盈利方式要清楚划分商业业务和公共服务的界限。公共服务免费为主，政府购买服务：特定信息（如公共服务相关）和特定地点（如机场等公共场所）都由政府买单，提供免费服务商业服务获取资费，结合广告等增值服务获得市场化收入来源。例如，上海、厦门、广州、延吉。优点是运营商能通过灵活配置投资和收益模式来达到政府监管和企业运营的平衡。运营商获得产品规划和发展的控制点，更加有效利用设备资源，增加客户黏性。缺点是运营商选取合作伙伴需要更加周密的考量和协商过程。增加商务风险，增加了投资回收期。

（4）政府牵头，运营商建网的BOT模式：即政府牵头，只支付少量规划咨询费用，运营商出资建设，拥有一定期限的专营权，到期移交政府。盈利方式以前向计时收费为主，提供多种付费套餐。专营权期间，营业额的1%～3%用于运营商向政府缴纳管理费。例如，台北。优点是政府承担的投资和风险都非常小，主要由运营商承担风险及投资；缺点是不能充分调动运营商投资建设及发展的积极性。

（5）运营商独立投资建网运营：即完全由运营商提供资金并进行建设，政府对网络没有太多话语权，仅提供有限的基础设施或政策支持。盈利方式可前后向收费结合：例如运营商在公共热点地区提供无线网络接入服务，用户需要购买无线上网充值卡或者与移动账户进行绑定扣费才能接入网络。但在会展中心、机场等重要对外场所可由政府提供补贴使用免费服务。例如，美国费城、日本东京。优点是政府不承担投资和风险，运营商可利用已有网络、客户资源、运营经验、人才以及资金优势；缺点是政府对网络监管难以深入。

（五）智慧城市的实施

智慧城市需要打造一个统一平台，设立城市数据中心，构建通信、互联网、物联网三张基础网络，通过分层建设，达到平台能力及应用的可成长、可扩充，创造面向未来的智慧城市系统框架。

二、智慧公车系统

近年来，公务用车存在费用高、成本大、公车私用以及超编配备公车等问题。这样增加了政府运行成本，增加了财政负担，而且产生了负面社会影响，从而损害了政府形象。为了推进公务用车改革，降低行政成本，加强廉政建设，各级政府机关在公车改革方面进行了积极探索，积累了一些经验。当前中国公务用车改革主要有三种模式：①货币化改革。取消机关一般公务用车，按月按人发放交通费用补贴。例如，2009 年杭州市对 21 家市级机关进行了车改，甘肃也进行了相关改革。②集中管理。对集中办公的各机关车辆实行集中管理、统一调配、管用分离。例如，山东省泰安市成立了市直机关汽车服务队。③社会化改革。实行货币化改革的参改机关，将公车移交出来组建机关公车服务中心，例如江苏省直机关是 2006 年开始的车改。以上三种模式都是一种有益的探索，但是都不可避免存在一些问题。第一种模式的主要问题是交通补贴标准问题，以及交通补贴结余问题，在交通补贴额度内节省归己，有的人员公务出行能省则省，产生不作为现象，影响正常工作开展。第二种和第三种模式在实际运行中，可能出现了各机关间公车使用矛盾增加，叫车手续比较繁杂，车辆使用不方便，公车服务中心服务意识不强等问题。有的地方政府还进行了公车管理制度创新，实行机关公车节假日封存制度，粘贴公务车标识制度，方便群众监督制度等做法。这些做法都面临着"上有政策下有对策"的挑战。在传统技术和手段在管理中出现瓶颈时，可以引入新型的技术来解决这类难题。

国际上较为先进的做法是公务用车管理系统，基于 GPS 定位系统等信息化手段，加强对公务用车使用的管理和监督。如美国联邦总务署开发了公务用车管理信息系统，公车安装了全球卫星定位设备（GPS），用以监视车辆的行驶路线、停泊地点，避免不经济地行驶，杜绝公车私用行为。美国的公务用车管理水平是在国际前列的，但是中国可以有更好的选择。作为继计算机、互联网之后世界信息产业发展的第三次浪潮，物联网（The Internet of Things）越来越受到关注。在交通领域，基于物联网技术的车联网也引起了社会各界的广泛关注。因此，下文将基于物联网技术，构建公车管理系统的概念性架构，以期为政府公务用车科学管理提供借鉴。

（一）系统架构

目前，中国行政事业单位每年仅公务用车消费支出就达 1500 亿~2000 亿元，公务用车存在诸多问题，浪费严重，深受诟病。借助于物联网技术，将能解决管理工作中的难点问题。

（二）管理难点

公务用车管理的主要难点有：

（1）车辆调度及控制：车辆出勤时，单位很难了解车辆当前的确切位置和行驶数据，也无法将调度信息实时地下达给车辆；不能对车辆进行合理、有效的调度，使得车辆的使用效率大大降低，而且往往因无法实时监测，致使非公务性用车行为难以有效控制。

（2）司机考勤管理：司机工作的不定时性决定了考勤不能按常规的定时定点去管理。目前，许多单位对于司机的考勤管理采用人工登记的方式，这种方式既不科学，准确率也不高，而且大量的人工记录数据使得统计汇总分析存在一定的难度。此外，无法实时监测司机的驾驶操作违规情况，对司机的行驶安全与专业技术熟练程度未能进行量化考核，不仅会形成管理上的漏洞，而且还不利于提高工作效率与积极性。

（3）车辆维护管理：目前对于车辆的年检、审核、耗油管理、定期检修等管理工作多数还是采用人工登记管理模式，这种模式大大增加了管理人员的工作量，工作效率也难以提高，而且车辆运行维护不及时，对车辆的使用寿命也有直接影响。

（三）架构设计

针对这些难点问题，设计基于物联网的公务用车管理系统架构如下（图4-9）：

（1）感知层。给每台车都安装一个车载 GPS 设备，并贴上一个 RFID 标签。由于每个 GPS 设备都有一个唯一的编号，所以通过将车辆和 GPS 设备对应起来，监控中心可以随时了解到车辆的位置信息。根据 RFID 标签，可以准确掌握公务用车的状态信息（是否已发动，是否超速，是否超出指定区域），并且可以对车辆进行控制，如进行远程监听、调度指挥、甚至远程将车辆的油门断开。

（2）网络层。每个车载 GPS 设备内部除了 GPS 定位模块之外，还有一个通信模块。GPS 定位模块定到位置后会通过通信模块（目前国内绝大部分使用中国移动的 GPRS 网络，常见的手机上网也是使用 GPRS 网络）将定位信息传到监控中心。

（3）应用层。智能公车管理系统应用层主要包括公车无线视频监控平台、智能公车调度系统、智能车管系统和公车手机一卡通四种业务。

（四）系统功能

由系统结构（图 4-5）可知，智能公车系统有四个子系统，各子系统的功能如下。

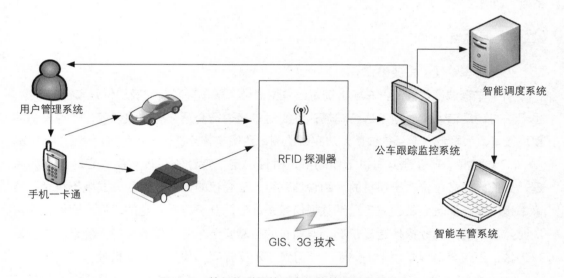

图 4-5　基于物联网的公车智能管理系统结构

1. 公车跟踪监控系统

该模块是系统的核心功能模块，也是其他子系统重要的基础数据来源，其主要功能有：

（1）跟踪监控功能。利用车载设备的无线视频监控和 GPS 定位功能，对公务用车运行状态进行实时监控。该系统可随时了解所有公务车辆的实时位置，并能在调度中心的电子地图上准确地显示车辆实时状态（如位置、速度、运行方向等信息），全面掌握公务用车的详细信息，有效监督公车私用以及公车闲置等现象。

（2）数据统计功能。在每个 GPS 系统中都会有报表系统，一般包括：

里程统计：按天按月统计车辆的里程。

车辆使用率统计：统计车辆的使用率。比如一天 24h，车辆开动了 8h，使用率为 33%。如果每天按 12h 为有效时间，则为 66%。

油耗统计：通过在车辆上加装传感器，可以实时检测到车辆的油耗。通过百公里油耗值可以很好地评估车辆的使用效能。

报警统计：统计比如车辆每月超速次数和时间。

异常统计：统计车辆是否有其他异常，如存在越界使用等情况。

（3）决策支持功能。通过数据采集接口、信息处理、跟踪和监控等接口与其他功能模块进行交互，将监测数据输入其他系统模块，为其他模块运行提供支持。在车辆状况、出车率等数据统计分析基础上，提供资源分配、经济分析等决策支持。

2. 智能调度系统

该模块主要根据需求和车队现状，以智能手段对公务用车进行调度，从而提高公车使用效率。具体来说，该模块功能为：

（1）网络分析功能。借助 GIS 的网络分析功能，对公车需求者所在地、公务用车所在地和目的地之间制定最佳路线，提高公车利用效率，节约公务用车运行成本。例如，在系统网络图中，选择一个始结点（需求者所在地）和终结点（目的地），系统会自动显示最短的路径长度和名称，该路径即是最佳的路线。

（2）信息发布功能。通过媒体发布中心或者信息发布代理服务，实现公车调度的指令发布、信息数据发布和多媒体数据的发布功能。这样，驾驶员能迅速接到指令，前往接洽公车需求者，并按规划的路线驶往目的地。该功能可以通过在车辆上安装一块小型的调度屏来实现，当需要指挥时，监控中心可以通过软件向其发送调度信息，比如"今日有暴雨，送到请速回！"，调度屏收到中心的信息后，会将文字在调度屏上显示出来，并通过语音方式读出来。司机收到后，马上就可以明白中心的指令。

（3）司乘人员排班。建立司乘人员数据库，根据具体情况，进行运营排班。运营排班的核心工作是三项：一是车辆行车作业计划的制订，二是车辆与司乘人员匹配、车辆调度等排班，三是输出路单。

3. 智能车管系统

公务用车的有效运行，需要人与车的密切配合。该系统主要负责公车的运行维护，以及司乘人员的管理。具体功能有：

（1）车辆运行参数监控。利用全球卫星定位技术（GPS）、无线通信技术（CDMA）、地理信息系统技术（GIS）、中国电信 3G 等高新技术，将车辆的位置与速度，车内外的图像、视频等各类媒体信息及其他车辆参数等进行实时管理，有效满足车辆管理的各类需求。例如，车辆是否需要加油，是否需要检修等。

（2）加油及维修监管。公务用车实行定点加油与维修，智能车管系统与定点加油站和修理厂实现联网监控，实时获取车辆行驶里程、加油数量、维修项目、费用支出等信息，防止有关人员从中谋取不正当利益。

（3）车辆检修安排。在非高峰期降低发车密度，安排空闲车辆去进行检修。这样既节约了运力，又降低了车辆的维修成本，同样也不会因为要检修而耽误原有的排班计划。

（4）司乘人员管理。通过监测数据，对司机工作质量进行量化考核，形成了司机间的技术比较，促进了司机行驶操作技术的提高，从而对车辆本身的养护、燃油损耗节约等都起到了极大的促进作用。同时，极大地提高了司机的驾驶安全性。监管车辆的行驶速度及行驶区域，车辆超速行驶、越界行驶，提高车辆行驶的安全性。远程控制及紧急状态下的监听功能，是车辆在紧急情况下的应急法宝，大大提高车辆行驶过程中的安全系数，因此带来的效益是无法以经济指标去衡量的。此外，还杜绝了非公务性用车的消耗支出，延长了公务车的使用年限。

4. 用户管理系统

该系统主要管理公车用户。现在国际上较为先进的做法是公务用车需凭卡使用，智能公车管理系统实现手机一卡通。该项技术已经在小区门禁方面开始使用，传统手机只需在通信运营商营业厅更换最新的 RFID-SIM 卡，无需添加任何设备，无需更换号码，无需缴纳费用，就能将手机变为公务用车门禁卡和电子钱包。该系统的具体功能为：

（1）用户信息管理。将公务用车的用户详细信息建立用户数据库，明确用户的用车权限、用车频次、用车需求等相关信息，根据这些信息给用户配车。

（2）手机一卡通（RFID-SIM）管理。推行公务用车一卡通，并将手机终端作为公车一卡通的介质，除完成公车刷卡功能外，还可以实现小额支付、空中充值等功能。此外，对用车者提供实时准确的车辆位置、路径选择、排班安排等短信通告服务。

（3）统计分析功能。通过对用车者的历史记录进行统计分析，根据用车者不同的工作岗位需求，科学制定用车标准，减少公车闲置，提高使用效率，从而实现政府高效管理，降低机关成本。

（五）系统推广

在国家大力推动工业化与信息化两化融合的大背景下，物联网将是工业乃至更多行业信息化过程中一个比较现实的突破口，同时也是提高中国政府管理水平的契机。公务用车管理应抓住这一机遇，借助先进科技手段提高管理水平。在此过程中需要注意的是，科技能够提升和改变管理体制，但是不能代替管理体制，科技的应用需要与之配套的管理体制。就公务用车智能管理系统的实现来说，需要以下制度支持：

（1）公务用车统一管理制度。物联网技术具有规模效应，只有实现规模化，才能体现其经济效益。就目前的公车管理体制，很难发挥物联网的作用，因此需要在公车统一管理的基础上应用物联网技术。

（2）公务用车的使用管理制度。公务用车管理部门向各部门提供公务用车租赁服务，各部门支付租金，每一辆车配备一个信用卡，各部门凭卡加油和维护保养等，费用从公务用车管理部门的基金账户里支出。制定私车公用的补贴政策，包含保险费、维修费、汽油费、平均每年行驶的里程数等因素。

（3）智能公车管理试点制度。目前，物联网已经在行业信息化、矿业物流、农业等领域开始实际应用。但是，从技术发展现状、行业应用现状、终端研发等各个方面综合分析，当前物联网应用仍然处于探索阶段，不适宜大规模引入。应该有相关支持试点的制度，选择一批单位进行试点应用，待时机成熟再全面推广。

政策规划，
展望物联网发展之路

第五章

物联网不是一个小产品，也不是少数几个小企业就可以做出来、做起来的。它不仅需要技术，更牵涉到各个行业，各个产业，需要多种力量的整合。这就需要国家的产业政策和立法要走在前面，要制定出适合这个行业发展的政策和法规，保证行业的正常发展。对于复杂的物联网，必须有政府的政策支持，政府必须有专门的人和专门的机构来研究和协调，物联网才能有真正意义的发展。

总体来讲，在政策规划方面还是要坚持顶层设计，分级管理。首先，定下全国物联网发展的总基调；其次，地方根据国家需求，结合自身实际，制定地方物联网发展的具体措施。中央与地方联合互动，打造物联网发展的平台，才能确保物联网产业的可持续发展。

第一节
国家级物联网规划

国务院前总理温家宝在十一届全国人大三次会议上做政府工作报告时说，要大力培育战略性新兴产业，加快物联网的研发应用。国际金融危机正在催生新的科技革命和产业革命。发展战略性新兴产业，抢占经济科技制高点，决定国家的未来，必须抓住机遇，明确重点，有所作为。要大力发展新能源、新材料、节能环保、生物医药、信息网络和高端制造产业。积极推进新能源汽车、"三网"融合取得实质性进展，加快物联网的研发应用。加大对战略性新兴产业的投入和政策支持。这是温家宝总理在政府工作报告中首次专门提及物联网，对物联网行业，既是一个鼓舞，更是一个机遇。

此前，在工业和信息化部牵头组织的国家科技重大专项"新一代宽带无线移动通信网"中，传感网就已作为主要支持内容之一，加大了资金投入，启动了从总体战略到关键技术与设备等多项课题研究。目前，确定的中国十大城市"十二五"规划全面布局物联网的内容包括：

（1）无锡"十二五"将建成物联网标准体系和专利池；

（2）重庆"十二五"将建设城市物联网基础平台；

（3）杭州"十二五"物联网发展目标产值 1000 亿元；

（4）北京"十二五"将推动物联网应用实践；

（5）武汉"十二五"将实现车联网全覆盖；

（6）天津"十二五"要建成无线传感网；

（7）广州"十二五"将重点推进"智慧广州"建设；

（8）上海"十二五"将推进物联网产业自主发展；

（9）宁波"十二五"将全力加快创建智慧城市；

（10）深圳"十二五"将建设物联网传感网络平台。

2011 年 12 月 7 日，工业和信息化部已经公布了中国《物联网"十二五"发展规划（全文）》（详见附录 1），明确提出了中国物联网发展的具体规划。

第二节
地方级物联网规划

目前，全国多个地区正在编制或者计划编制物联网产业发展规划。截至 2011 年 12 月，全国已有 28 个地区将物联网作为新兴产业发展重点之一，已经有十多个地区对外发布、更多的地区正在编制物联网产业发展规划。部分地区基本情况如表 5-1 所示。

部分省市物联网产业规划目标　　　　　　　　　　表 5-1

地区	物联网产业的发展目标
北京市	建成国内领先、世界一流的城市政务感知体系，推动北京市物联网相关产业发展。发展北京市政务物联网，力争在 3 年内初步建成北京市政务物联网应用支撑平台，形成较为完备的政务物联网标准规范体系，为北京市建设"三个北京"和"五个城市"的总体目标打下良好的基础

续表

地区	物联网产业的发展目标
上海市	到 2012 年，传感器、短距离无线通信及通信和网络设备、物联网服务等重点领域形成一定产业规模；大力推进物联网关键技术攻关，强化技术对产业的支撑引领作用；培育一批在国内具有影响力的系统集成企业和解决方案提供企业，扶持一批具有领先商业模式的物联网运营和服务企业，聚集一批具有自主创新能力、占领技术高端的专业企业；形成较为完善的物联网产业体系和空间布局；通过建设应用示范工程和实施标准、专利战略，在与市民生活和社会发展密切相关的重要领域初步实现物联网应用进入国际先进行列，显著提升城市管理水平
江苏省	力争通过 3~6 年左右的时间，将无锡建设成为国际知名的传感网创新示范区，将江苏省建设成为物联网领域技术、产业、应用的先导省，引领物联网产业持续快速发展
福建省	到 2012 年，争取全省物联网相关产业产值达到 300 亿元以上；物联网示范应用和技术研发及产业发展部分领域走在全国前列，重点行业示范应用效益明显，重点示范区域智能管理和民生智能化水平显著提升
成都市	到 2012 年，初步实现"三中心、两基地、六体系和一高地"的"3261"战略目标。即：基本建成物联网应用中心、物联网研发中心和物联网信息安全中心，初步形成物联网成果孵化基地和产品制造基地，初步构建起物联网产业创新体系、应用推广体系、标准研制与验证体系、公共技术服务体系、信息安全基础体系和产业要素保障体系，打造以物联网企业为核心、产业基地为载体、产业联盟为支撑，立足西部、辐射和影响国内外市场的中国物联网产业高地
杭州市	到 2012 年，在示范应用、核心产业、关键技术以及公共平台建设方面取得关键性突破，率先将杭州市打造成国内领先、世界一流的综合性物联网技术应用城市，初步形成年产值达 500 亿元的物联网产业群。力争到 2015 年，物联网产业年产值超 1000 亿元，物联网技术融入城市运营管理的各个领域，率先将杭州打造成产业化应用好、专业化水平强、市场化程度高、辐射带动面广的物联网经济强市，显著提升杭州城市智能化管理水平
无锡市	力争通过 3~5 年左右的时间，基本建成集技术创新、产业化和市场应用于一体，结构合理、重点突出的物联网产业体系，将无锡市建设成为具有一流创新力的物联网技术创新核心区、具有国际竞争力的物联网产业发展集聚区、具有全球影响力的物联网应用示范先导区，努力成为掌握物联网核心和关键技术、产业规模化发展和广泛应用的先导市、示范市，积极引领全国物联网产业快速发展与应用
嘉兴市	力争到 2012 年实现嘉兴无线传感器网络产业规模达到 50 亿元，2015 年实现产业规模超 100 亿元，2020 年产业规模达到 1000 亿元。3 年内建成规模 300 亩的无线传感器网络产业基地，争取成为国家级无线传感器网络产业示范基地；3 年内重点培育 1 家年收入超 10 亿元的企业；在 5 年内集聚应用集成、传感器制造、工程实施、嵌入式软件等相关企业 50 余家

续表

地区	物联网产业的发展目标
双流县	到 2012 年，全县物联网产业规模以上企业达到 20 户以上，实现产值 100 亿元以上。引进投资过 5000 万元项目 20 个以上，其中投资过亿元项目 5 个以上。完成产业投资 50 亿元以上。全面建成占地 280 亩，建筑面积达 20 万 m^2 的物联网科技孵化园；基本建成 3Km^2 集技术研发、成果孵化、设备制造、系统集成于一体的"国际知名、国内一流"的物联网技术孵化和产业化基地
佛山市	到 2015 年，"智慧佛山"初步形成。现代产业体系基本形成，培育形成若干个接近或达到世界先进水平的战略性新兴产业群，成为引领佛山经济发展的支柱产业。"物联网"产业形成规模，实现了 M2M 之间的互联

（资料来源：ETIRI）

专栏 5-1

武汉市物联网发展规划

一、武汉市物联网产业发展的机遇与挑战

武汉市在多年的信息产业发展中，已经初步具备了物联网技术的体系格局，形成了以光通信、移动通信、激光、显示器、化成箔电子材料、软件为特色的发展格局，为物联网产业的发展打下了基础，未来的发展充满机遇但也存在挑战。

（一）武汉市物联网产业发展的基础

1. 工业经济基础

武汉市是湖北省的工业龙头，2009 年实现规模以上工业增加值 1656 亿元，增长 18.5%。与物联网紧密关联的光纤传感、光纤通信等领域，拥有绝对领先的产业基础，拥有一批具有自主知识产权的专利和标准。同时，两化融合是物联网产业发展的重要"阵地"，工业的高度发展也为物联网产业的发展带来众多机遇。

2. 设施基础

武汉市电信数据业务、移动通信和广播电视网络发达，覆盖全市，拥有华中地区最大的光纤通信汇接中心，能够方便快捷地与全球 240 多个国家和地区进行通信联络和信息交流。在光纤到户、3G 网络以及网络运营方面都走在全国的前列。

同时，武汉市所依托的湖北省的光纤光缆产业规模居国内第一、世界第三，光通信设备及光电器件研究开发和生产规模居国内前茅。手机已形成 1000 万台产业规模，已拥有移动通信设备和终端的研发厂家 6 家，配套厂家近 10 余家。中小型电台和移动通信基站天馈系统产量居全国第一位。这些硬件基础的大部分都属于武汉，为武汉物联网产业的发展提供了有力的支持。

3. 应用基础

　　武汉市的交通、商业和流通业十分发达，拥有内陆最大的流通中心和货物集散地，作为"中心城市"可辐射湖南、江西、安徽、河南、四川五省近四亿人口。这些都构成了物联网技术应用巨大的市场空间和需求来源。

4. 人才基础

　　武汉市高等院校和研究所（院）很多，研究领域广泛，在与物联网相关的学科如计算机、网络、无线传感、智能信息处理、微芯片设计、信息安全、遥感遥测、通信、微纳加工、光机电一体化等领域拥有众多的国家重点实验室和研究基地，以及一批院士和创新团队，多年来一直承担国家级的基础研究课题和科技攻关课题，积累了大量的科技成果、产业化基地和高素质的人才队伍。

（二）武汉市发展物联网产业的机遇

1. 区位优势

　　湖北省地处中部，武汉市被确定为"中部地区的中心城市"，承东启西，连南接北，拥有水路、公路、铁路和航空立体交通，也拥有链接全国通达世界的主干网络，不仅有利于文化交融、人才交流，也有利于产业链的对接和构建物联网产业发展及应用的市场，是武汉市发展物联网产业的优势所在。

2. 产业转移带来机遇

　　中国将继续成为发达国家电子信息产业转移的重点对象。而以珠三角、长三角、环渤海以及福厦沿海等为代表的中国信息产业发达地区由于劳动力成本上升、环境资源压力加大，出现了人员、土地、水电能源等重要生产要素全线告急的状况。信息产业有由沿海城市向中部转移的趋势。作为泛长三角的重要区域，"中心城市"武汉拥有承接海外和沿海经济发达地区的产业梯度转移的实力。产业转移为武汉市及整个湖北省信息产业未来的发展提供了新的机遇。

3. 政策规划"福"射武汉

　　政策是促进产业发展的巨大推动力。武汉市在湖北省提出的物联网"15185"产业发展和"智慧湖北"的应用格局中占有重要的位置，这为武汉市物联网发展带来巨大机遇，具体来说包括：

　　（1）"15185"中的第一个"1"，代表"1个产业化集聚区"，指"将武汉东湖国家自主创新示范区建设为国家级物联网技术创新基地和产业化示范基地。同时，在武汉城市圈、襄樊、宜昌等地建设光纤传感器产业园、汽车电子产业园、物联网软件产业园、智能安防产业园、电力电子产业园等10个专业园区。"

　　（2）"15185"中的第一个"5"，代表"500户企业群"，指"建成500家规模以上企业的物联网企业群，集聚200家以上的骨干企业，重点培育烽火科技、理工光科、长光科技、华工图像、光庭汽车电子、立得空间、凌久信息、武汉天喻、虹信通信、东润科技、矽感科技、武大吉奥、泰通卫星、武大卓越、微创光电、因科科技等50户在全国具有一定影响力的物联网龙头企业，争取10家以上企业上市"。里面大部分企业属武汉市所有。

　　（3）"15185"中的第二个"1"，代表"1个应用示范城市"，指"将武汉打造为国家物联网应用示范城市。"

（4）"六大示范工程中"均涉及武汉市，其中的三项明确以武汉为载体。包括："武汉数字城市示范中心。在武汉打造城市交通的智能管理与控制、城市资源的监测与可持续利用、城市灾害的防治、城市环境治理与保护、城市通信的建设与管理、城市人口、经济、环境的可持续发展决策制定、城市生活的网络化和智能化的物联网全面应用。""武汉轨道交通物联网示范工程。包含传输系统、公务电话系统、无线通信系统、专用电话系统、闭路电视系统、广播系统、时钟系统、综合电源系统、综合布线系统、集中告警系统、光缆与电缆、上层网传输系统和上层网视频共享平台、自动售检票系统等。""武汉新机场光纤光栅周界入侵防范系统。对入侵目标进行识别、分类及全天候实时在线监测，防止人员的翻越、偷渡、恐怖袭击等攻击性入侵"。

其他政策支持下的武汉物联网示范工程还包括在武汉智能示范小区、武汉新机场、武汉石化、武汉钢铁等大型工厂和工业园区建设中开展"光纤光栅周界入侵防范传感器与系统"的示范应用工程，构建"武汉智能桥梁结构健康监测与综合管养系统"示范应用等。这些政策的"辐射"无疑对武汉市物联网产业的发展起到推波助澜的作用。

二、武汉市物联网产业化体系及重点领域

在制定物联网规划之前，应该充分分析本地区的产业优势与基础，确定重点发展领域，有的放矢，突出地方特色。

（一）武汉市物联网产业发展的总体目标

武汉市物联网产业的发展应该坚持"渗入、绿色、发展"的原则，将物联网技术渗入传统产业，优化产业布局，提升产业层次，注重绿色环保的理念，促进武汉市"绿色智慧城市"的大发展。

具体来讲，应加快应用体系建设、产业基地建设、基础设施建设、居民信息应用能力建设和发展环境建设。争取到2015年，从城市发展模式层面上，通过物联网产业发展将武汉过渡发展至"智慧武汉"建设的初级阶段；从基础设施层面上，争取武汉智慧应用、商业模式创新和标准化建设走在全国前列；从产业层面上，充分发挥"武汉·中国光谷"物联网产业技术创新联盟的作用，继续扩大物联网相关产业和技术创新联盟，对从事物联网产业链上游产品RFID技术和传感器业务的IT企业进行重点培育、重点扶持，设立专项资金支持技术创新、技术装备更新和技术改造。还要全力支持富士康、武汉芯片、南玻多晶硅等重大项目尽快建成投产，力争成为全国重要的光电子信息产业基地，形成具有核心竞争力的智慧产业链；从应用层面上，政、企、民多层面普及应用，应用领域深入到企业生产、管理、研发等方面，电子政务、政府管理、公共服务等各个方面，人们日常消费、家庭应用等方面。

（二）武汉市物联网产业化发展框架设计

武汉市物联网产业化发展应该在政策规划下以技术为基础，应用为引领，关注产业服务、数据平台和基础设施三个层面，如图5-1所示。总体上应坚持政府主导、市场引导、基础先行、产业推动、需求拉动、创新引领、重点突破、示范带动和以人为本的原则，以重大工程为抓手，以应用扩大产业布局，逐步促进物联网产业大发展。

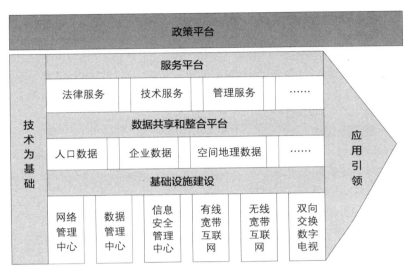

图 5-1 武汉市物联网产业化发展总体框架

武汉市物联网产业框架的实现要以新一代信息技术为手段，以法律法规、标准体系和管理体制为保障，以人文智慧和高新技术的融合为关键要素，以创新为引领，以市场和应用为导向，以培育战略性新兴产业和新兴业态为推动力，充分发挥东湖科技园区等产业联盟的特色优势，抓住人与自然融合发展和互联互通机遇，推动新一代网络和信息技术深度应用以及信息化和工业化融合发展，推动政府、企业、社区和居民智慧化应用，将武汉建设成节约、低碳、绿色、高端、创新和宜居的新城市。

（三）武汉市物联网产业规划的实现路径

具体实现路径包括以下方面：

1. 充分发挥产业和基础设施等优势，攻破信息产业关键技术

上文的描述已显示，目前武汉在产业和基础设施方面具有一定的优势，又有很多项目规划及研发，要充分发挥天时、地利、人和的优势，在产业发展进程中继续攻破物联网关键技术，为武汉物联网产业的可持续发展奠定坚实的基础。

2. 以示范典范应用为先导，打造物联网应用全生态链

武汉很多物联网典型示范已经被确定，武汉市应该通过物联网综合应用、城市安全运行和应急管理、无线宽带专网以及智能交通等一批示范工程的建设，推动无线谷、射频谷、智能交通产业园等一批产业化基地的落地，将产品开发、产业培育和推广应用几个方面有机结合起来，推动新一代网络和信息技术深度应用、信息化与工业化深度融合，以创新技术的推广应用带动全市产业链的创新和发展。

3. 加快整合资源，提升资源综合效能

资源整合特别是信息资源整合是物联网产业化的重要手段和突破口。大力推动互联网、物联网、传感网融合发展，努力构建面向未来的高度智能化的全新产业结构。在智慧武汉市物联网重点工程

的建设中，加强资源整合力度，努力减少重复投资、重复建设，形成一种节约、高效、低碳、绿色和智慧物联网项目建设。

4. 以点带面，梯级推进

初始阶段，武汉可集中力量建设一批如政务数据中心、市民卡/车辆卡、智能交通等重大功能性项目或项目群，力争率先取得"点"的突破。而后遵循"以点带面、梯级推进、建设与应用同步"的方针，做好智慧物联网后续项目的前期策划和论证工作。

5. 引才培才，构建高端智库

跨行业汇聚和整合行业人才，积极造就"复合型"的高端人才，充分利用武汉高校聚集和人才荟萃的优势，制定实施人才引进优惠政策，引进高端人才，为武汉市物联网产业及"智慧武汉"的发展提供强大的智力和人才支持。

三、武汉市物联网总体规划

在广泛分析产业发展的基础上，结合国家发展规划，应为地方物联网发展制定总体规划定位。

（一）结合城市定位，体现区域特色

武汉市物联网产业的发展，要充分考虑武汉市的区位特点、资源禀赋，将物联网产业发展和城市发展相结合，具体来讲包括以下两方面。

1. 以建设绿色智慧城市为目标

武汉市物联网产业发展的总体目标是可以将武汉逐步打造成绿色智慧城市。武汉市是中国最中心的城市，是物联网产业集群泛长三角区域的重要组成部分，物联网产业的规划要和城市规划相结合。在发展过程中，贯彻低碳、绿色原则，加快建设高端泛在的信息基础设施，完善信息化发展环境，全面推进"智慧武汉"的建设。通过物联网产业发展将武汉打造成兼具现代生活时尚和浓郁文化气质的和谐宜居城市。

2. 继续支持二维码和光产业的发展，突出特色

二维码是物联网发展重要的感知层技术，而武汉市在二维码技术领域拥有一定的话语权；光电传输和激光产业都是物联网产业发展的重要技术领域，而武汉具有鲜明的特色。武汉市要继续抓住二维码和光电传输产业的优势，将其发展成武汉物联网产业的标杆。

（二）应用为先战略，促进经济转型

应用是产业发展的助推器，武汉市物联网产业的发展还是要注重应用的引领，从而带动一批物联网企业的发展，具体来讲包括以下三个方面。

1. 以政府首购激励企业创新

可以根据武汉市的实际情况，创立《武汉市物联网自主创新产品政府首购和订购实施细则》，对于好的物联网应用产品实行政府首购。通过应用需求，充分激发企业技术创新的内在动力，刺激企业攻克物联网关键核心技术，提高物联网产业自主创新能力和水平；鼓励企业开展物联网国际国内合作，集成国内外先进技术和优势产品，实现原始创新、集成创新、引进吸收再创新的紧密结合，切实增强物联网产业发展后劲。在政府部门的引导下，参与智慧武汉建设的本地企业可借势发展，以市场需求为导向，紧紧瞄准物联网世界前沿技术，集聚优势条件重点攻坚。

2．以优惠政策引导产业集聚

加快推动物联网产业园的建设（可在原东湖科技园区的基础上扩建或独设），通过各类优惠政策，推动物联网产业资源向武汉市汇聚，形成具有核心竞争力的完整物联网产业链。引导各类创新要素向产业集聚，以行业龙头企业为中心，带动产业链上相关企业的技术进步，实现产业化关键瓶颈的持续突破，创新产业链模式，推动产业发展。

3．以创新和集聚推动经济转型

通过上述两种策略，初步建立集技术创新、产业化和市场应用为一体的较为完整的物联网产业体系，真正使武汉市成为掌握物联网关键技术、产业规模化发展和广泛应用的先导市、示范市。使武汉市信息化与经济社会高度融合，虚拟经济与实体经济高度结合，物流、信息流、资金流在城市的政治、经济、社会和文化各领域全方位高效能配置，实现产业结构优化，推动经济转型发展。

（三）整合区域资源，面向全国布局

物联网是一个大市场，武汉市物联网产业的发展要立足市内，更要面向全国。利用武汉自身在二维码、光电通信产业的特色优势，向全国覆盖，成为全国物联网产业发展的重要支撑。

1．搭建物联网服务平台，提供产业支撑

可将武汉市内各项物联网相关项目统一汇总，成立专项部门管理。构建物联网产业服务平台，加快建设共性技术、技术标准与检测认证、信息安全等领域的平台建设，推动武汉物联网产业的抢位发展与品牌建设。

2．整合优惠政策，推动产业融汇发展

在国家积极推广物联网产业的大背景下，从国家到省市都出台了一系列的扶持政策。武汉市是湖北省的省会城市，在湖北省信息产业发展领域具有举足轻重的地位。目前已经获得了很多的项目支持和政策倾斜，比如"15185"中的支持，项目的立项等，一定要充分利用好这些政策，并整合管理，以推动武汉物联网产业的融汇发展。

3．面向全国市场，推广武汉物联网产业

物联网的应用具有很强的渗透性，一旦一个技术或应用被研发出来，会具有很大的普适性，对于研发出的项目武汉政府要协助企业面向全国甚至世界积极推广，扩大武汉市物联网产业的版图。

四、武汉市物联网发展具体建议

以下给出武汉市物联网发展的具体建议，供其他地方单位参考。

（一）加强领导协调监督

（1）建立市级领导机构及其办事机构。尽快成立武汉市物联网产业发展领导小组，办公室设在市科技局，承担全市物联网产业发展的统一领导、统筹规划、组织实施、综合协调、监督管理等重要职能，协调解决跨地区、跨部门、跨行业的重大工程建设等相关方面问题，为全市物联网产业发展和应用推广提供组织保障。

（2）加强物联网建设宏观指导和管理。进一步完善发展规划，出台指导意见和行动方案，积极打造"绿色智慧武汉"。组织和协调重点关键技术与重大建设项目，加强行业标准、立法等方面的研究与制定工作。

（3）建立专家咨询机构和专家咨询制度，加强物联网产业战略研究和科学决策。设立武汉市物联网专业委员会，参与研究制定武汉市物联网发展规划，对重点建设工程方案、技术标准进行咨询论证，对信息技术和信息化发展趋势提出预测报告和相关方向的软课题研究，编制《武汉市物联网发展蓝皮书》。

（二）启动五大示范工程

（1）武汉数字城市示范中心。在武汉打造城市交通的智能管理与控制、城市资源的监测与可持续利用、城市灾害的防治、城市环境治理与保护、城市通信的建设与管理、城市人口、经济、环境的可持续发展决策制定、城市生活的网络化和智能化的物联网全面应用。

（2）武汉轨道交通物联网示范工程。包含传输系统、公务电话系统、无线通信系统、专用电话系统、闭路电视系统、广播系统、时钟系统、综合电源系统、综合布线系统、集中告警系统、光缆与电缆、上层网传输系统和上层网视频共享平台、自动售检票系统等。

（3）智能用电信息采集物联网系统组网示范。采用光纤复合低压电缆技术（PFTTH）和EPON技术来实现光纤到户、光纤到表，彻底解决智能电网终端用户接入和未来大量用电信息交互的问题。

（4）武汉新机场光纤光栅周界入侵防范系统。对入侵目标进行识别、分类及全天候实时在线监测，防止人员的翻越、偷渡、恐怖袭击等攻击性入侵。

（5）城市人居环境智能监测示范工程。通过智能巡航和预置位技术对城市人居环境进行监控，如对森林、生态、空气、噪声、粉尘、富氧离子等进行监测。对环境异常事件进行感知和实时检测，如森林火灾、环境灾难等。

（三）建设完善资本环境

按照市场经济规律，向投资多元化、投资方式多样化方向转变，实行政府投资为引导、企业投资和资本市场融资相结合，以市场运作为主，多渠道筹措建设资金。建立和完善多层次资本市场，改善融资环境。

（1）设立政府引导、市场运作的物联网产业发展专项资金。市政府每年从财政预算内统筹安排一定数额的资金作为市物联网发展专项资金，主要以资本金、项目贷款贴息和风险投资等方式，进行人才培养、核心技术研发、技术产业化、重大物联网工程项目，以及用于政策法规、教育培训与国际交流等。

（2）采取国家政策性拨款和争取国际上优惠低息贷款，充分发挥中央各部门新兴产业发展建设资金的支持作用，搞好联合共建。积极引进外资和外地企业、市内外上市公司以及民间资金投入到信息化建设。

（3）争取国家支持，以发行股票、证券、甚至到海外市场上市等方式融资集资。通过产业资本、金融资本与政府政策支持相结合，对物联网产业的非上市企业进行直接股权投资，并对各类上市或非上市的技术领先型企业进行产业整合为目的的并购重组。针对物联网企业和产业特点，向社会公开发行并上市流通的风险投资基金，鼓励和吸引国外风险投资机构和风险投资家直接投资新兴产业，或者与国内的风险投资机构合资、合作共同设立风险投资基金，允许合资、合作风险投资基金收购兼并国内的相关企业，以利用他们的优势在国际资本市场上筹资。

（4）加强宏观指导和管理，避免重复建设。对于直接为政府服务的工程项目和为公众服务的公益性项目，纳入全市物联网重点建设管理范围，列入国民经济和社会发展中长期规划，按照滚动发展、分步到位的原则，政府逐年投资建设，避免重复建设。

（四）探索创新发展模式

（1）建立物联网"政产学研用维"平台，在武汉市物联网产业发展进程中，推广"政产学研用维"相结合的模式。"政"为行业主管部门，负责物联网产业的宏观规划和管理；"产"为生产制造企业，该类企业构成武汉市物联网产业链；"学"为武汉市内各高校，由高校借助于物联网产业建设契机，为物联网发展提供充足的人力资源；"研"为高校及研究院所，负责研究物联网的基础技术、行业标准、技术应用；"用"为政府用户、行业用户和个人用户；"维"为维护企业，由专业维护企业实现对物联网的运行和维护，通过创新的运维模式确保物联网产业的良性发展。通过"政产学研用维"模式，将各方的优势结合在一起，形成多赢共赢的局面，保证武汉市物联网产业快速、长效发展。

（2）加快建设光纤传感技术国家工程实验室、下一代互联网接入系统国家工程实验室、光纤通信技术和网络国家重点实验室、软件工程国家重点实验室、测绘遥感信息工程国家重点实验室、国家卫星定位系统工程技术研究中心、国家多媒体软件工程技术研究中心、空天信息安全与可信计算教育部重点实验室等；筹备设立武汉市物联网研发中心等，构建物联网共性技术研发平台，支持作为海量信息处理中枢和复杂业务应用的云计算平台、业务智能处理的大型数据中心建设，以及业务与信息处理的行业解决方案与标准化等。支持建设物联网产业孵化器和产业研发中心，集聚更多相关企业加入物联网行业。

（3）充分发挥"武汉·中国光谷"物联网产业技术创新联盟的作用，继续扩大物联网相关产业和技术创新联盟，对从事物联网产业链上游产品 RFID 技术和传感器业务的 IT 企业进行重点培育、重点扶持，设立专项资金支持技术创新、技术装备更新和技术改造。

（4）以行业应用作为物联网应用平台，通过与现有产业紧密合作，改造传统产业。在政府采购和投资项目中优先使用物联网技术，在公共事业、公共服务领域优先引入物联网技术和产品，尽快形成物联网应用基础。

（五）完善配套政策体系

（1）对重点领域、重点项目要给予政策支持。选择一批具有重大影响的建设项目和带有普及与推广作用的产业关键技术，进行资金、技术与政策倾斜。对带有战略性和全局性的建设项目进行总体规划和统筹安排，利用市场机制的作用，在资金投入、信贷、税收、设备折旧、人才引进等方面重点支持。

（2）鼓励营运业和信息产品制造业根据信息技术和市场需求，联合提高研制开发能力和生产能力，为物联网发展提供先进、适用的技术装备。给予政府采购、金融部门买（卖）方信贷等方面的优惠。加大税收和政府采购政策扶持力度，凡是使用财政拨款和基本建设贷款进行的重大物联网建设的项目，在同等条件下，积极鼓励优先采购和使用武汉市自主创新产品目录中的产品和服务。

（3）制定和完善鼓励利用国内外先进技术和管理的优惠政策。采取"以市场换技术、以市场引资金、以市场招人才"的办法，引进国内外大公司，尤其是世界知名信息技术企业作为战略合作伙伴，提高对关键性技术、先进的管理经验等方面的消化吸收能力，解决好武汉市物联网建设所急需的技术、资金和人才的问题。

（六）加大人才培养引进

（1）充分发挥武汉大学、华中科技大学、武汉理工大学等高等院校学科齐全和多学科交叉的综合优势，在相关专业中增设物联网核心技术相关的研究方向，筹备成立物联网研究院等，针对物联网不同的研究与应用方向，积极开展物联网关键技术与高端技术研究，加强与企业在人才培养、技术创新、产品研发等方面的产学研合作。

（2）积极提升行销武汉市的国际形象，改善高端人才生活环境，营造高端人才和团队创新创业环境，通过与全省正在组织实施的引进海外高层次人才"百人计划"等人才工程项目相结合，大力引进掌握物联网核心技术的人才和专业团队来鄂创业，发展物联网产业。

第三节
物联网政策规划的实施

各个地方的基础不同、环境不同，也会有不同的具体规划。但是在物联网政策规划方面有两点必须做到，一是基础设施建设，二是平台构建。在平台构建方面特别要强调产业平台和服务平台建设。

一、物联网基础设施建设规划

物联网应用体系和产业体系的构建都离不开信息基础设施的建设。在物联网建设规划方面应坚持基础设施先行的原则，大力推进城市信息基础设施，着力构建智慧城市基础设施。

（一）完善高速泛在的信息网络

构建物联网首先要完善高速泛在的信息网络，具体措施可以包括：构建高性能光纤网络，实现光纤到企入户，覆盖全区，争取将带宽达到世界一流水平；支持鼓励运营商开展 WLAN 建设，通过政府购买服务的方式，为企业、商户及公众免费提供无线宽带互联网接入服务，免费高速无线网络覆盖全区，开展新一代宽带无线网络试点；统筹规划和管理无线电频率资源，保障 3G 和重点无线应用的频率需求；在新建写字楼、居民楼建设"全业务统一接入网"，承载有线通信、无线通信和有线电视业务，推动"三网融合"，完成有线电视高清交互工程。

（二）建设覆盖面广泛的专用物联网基础设施

比如加快推进政务物联数据专网建设，扩大基站覆盖范围，优化网络信号，提高覆盖能力，争取实现物联网基础设施全覆盖；在重点地区开展无线宽带专网建设，提高覆盖率和承载能力，为城市安全运行和应急管理提供完整基础设施支撑。

（三）建设大型数据中心

科学规划，合理设计，规划大型数据中心，为地方经济社会发展提供支撑和服务，打造"智慧信息港湾"。数据中心建设可采取政府牵头、社会投资、商业化运营的模式，鼓励企业和科研院所参与；积极应用先进技术，按照高标准建设，确保稳定、安全、可靠、绿色、高效。

（四）加强安全基础设施建设

安全是物联网成功实施的关键，要统筹建设安全评估、病毒防范、数字认证、无线电监管等城市信息安全基础设施，强化提升公共网络、政务网络和无线电的安全可靠性，形成具有主动防护能力的信息安全保障体系。提升宽带可靠接入的覆盖率和服务能力，大幅度地提高电信网、互联网的服务水平；建设并完善网络安全和业务管理平台，实现电信、互联网的安全可信管理。

（五）建设物联网公共技术服务平台建设

各个地方要建设物联网公共技术服务平台，提供面向全国的物联网产业公共服务。围绕企业技术创新共性需求，建设集研发、中试、小批量生产和测试于一体，国内领先、国际先进的物联网公共技术服务平台、公共测试服务平台、综合信息咨询服务平台。

1. 标准认证中心建设

标准之争也就是物联网话语权之争，所以务必要重视标准认证中心的构建，加快推进接口、服务、架构、协议、安全、标识等物联网领域标准化工作，主导国际标准制定，牵头国内标准制定，按应用需求划分应用子集并制定行业标准。加快建立物联网产品检测中心，逐步建立健全物联网产品检测标准，面向全国提供物联网公共检测服务。

2. 物联网 CA 认证中心建设

CA 认证中心，也称为电子商务认证中心，是负责发放和管理数字证书的权威机构，并作为电子商务交易中受信任的第三方，承担公钥体系中公钥的合法性检验的责任。为了开展物联网应用，各个地方最好能开展物联网领域信息安全与身份验证等领域技术研发，开发并应用适用于物联网体系的信息安全与身份验证技术，大力发展物联网信息安全相关产品与服务。

二、物联网产业平台规划

构建物联网产业平台，可以促进物联网产业集群，重点发展以智能交通产业为代表的核心产业，立足现状加快产业融合发展，积极培育新兴业态。同时，面向应用打造以物联网产业园为代表的特色产业集群。

（一）推进智能交通产业发展

智能交通是物联网的重要应用领域，是各个地方都不应错过的物联网主要应用。各个地方要推进智能交通产业发展，加快智能交通产品设备研发、生产、制造，智能交通软件和应用系统开发、测试，智能交通数据挖掘、应用，智能交通系统集成与运营服务、智能交通咨询、规划、设计、培训等重点环节和业务业态的发展；积极培育和引进各环节及相关领域的企业和项目，形成完整的智能交通产业链；推进政产学研用结合，积极引进国家智能交通相关项目，实施一批智能交通技术研究和应用项目，加快科技成果转化和产业化；推动建设智能交通实验室、智能交通研究与开发平台、大型智能交通控制与仿真实验平台等公共技术支撑平台，提升技术研发支撑能力；以示范应用为推动，形成不同环节企业合作模式，引导产业集群发展。

（二）加快产业融合发展

推动物联网产业、软件和信息服务业与工业的深度融合，加大信息技术在企业技术改造中的深度应用，实现工业转型提升；促进物联网产业、软件和信息服务业与金融、文化创意、咨询服务、科研设计、现代物流等现代服务业的结合，推动现代服务业的模式创新和业务创新，激发新业态、新业务的产生和发展，着力建设新首钢高端产业综合服务区；积极推动物联网产业、软件和信息服务业与文化娱乐、商贸、旅游、餐饮等传统服务业的融合和交互，加强信息技术在产品供销、服务创新方面的应用，提升传统服务业发展水平。

（三）积极培育新兴业态

结合物联网产业园和智能交通产业园建设，积极支持智能芯片、智能终端、智能电网等新兴高端制造业发展；面向移动应用和智慧应用，加快推进新一代移动通信和下一代互联网技术的发展，带动 3G 产业、云计算产业、新一代移动通信产业和下一代互联网技术产业发展，培育新的产业增长点；面向产业融合和特色优势产业发展，积极发展高端咨询、运维和设计规划服务，交互数字多媒体内容服务及电子商务、电子交易等新兴服务。

（四）建设物联网产业园

各个地方可以现有物联网相关产业区为基础，构建物联网产业园区。具体来说，可以立足本地具有优势的信息产业，大力培育相关领域的优势企业与平台，加强重点环节的企业引进工作，积极培育一批具备较强技术与市场拓展能力的中小企业，推动形成产业集群发展；积极引进国家物联网技术研发及工程技术平台，搭建物联网产业共性技术研发平台及应用示范平台，与国内外知名高校、科研院所开展物联网项目的对接和交流，实施一批政产学研合作项目，加快科技成果转化和产业化；加快服务体系建设，提升产业服务水平，持续优化产业环境。

三、物联网服务平台规划

利用物联网服务平台可以持续优化产业环境，提升产业服务水平，强化物联网产业招商引资工作。积极推动产业公共服务体系建设，不断加强技术研发、人才培养、投融资、知识产权、品牌建设与市场推广等资源的汇聚与整合，强化技术、人才、风险资本等创新要素的有机融合，加快打造创新产业集群。

（一）产业投融资平台建设

各个地方要充分发挥政府的引导、协调作用，有效引导金融机构增加对物联网产业的信贷资金投入，搭建银企资金供需服务平台，加强银企之间的相互沟通，建立协调发展和良性互动的银企关系。鼓励和引导在示范区内设立物联网产业投资基金、企业发展担保资金、投资发展风险补偿基金等。

（二）中介服务平台建设

各个地方要发挥政府配置资源的优势，围绕企业技术创新需求，建设集研发、中试、小批量生产和测试于一体的物联网产学研合作、成果转化、信息共享、政策咨询、市场推介、知识产权、人才培训、综合配套等功能齐全的公共服务平台。

（三）产品及应用展示平台建设

在物联网发展初期，各个地方可以根据实际情况集中展示物联网应用示范工程。围绕共性平台，重点展示物联网关键技术创新与重点产品发展，推动科技成果转化。围绕应用子集，重点展示物联网应用体验，着力培育市场环境。

（四）产业联盟建设

各个地方可以依托现有资源如物联网领域的骨干企业与高校科研院所等，组建国家传感网产业技术创新联盟等，提出并组织实施一批物联网领域的重大课题，促进物联网技术发展与产业化。

附录 1：

物联网"十二五"发展规划（全文）

发布时间：2011 年 12 月 7 日　发布单位：工业和信息化部

各省、自治区、直辖市及计划单列市、新疆生产建设兵团工业和信息化主管部门，各省、自治区、直辖市通信管理局，有关中央企业：

物联网是战略性新兴产业的重要组成部分，对加快转变经济发展方式具有重要推动作用。为加快物联网发展，培育和壮大新一代信息技术产业，依据《中华人民共和国国民经济和社会发展第十二个五年规划纲要》《国务院关于加快培育和发展战略性新兴产业的决定》，我部制定了《物联网"十二五"发展规划》。现印发你们，请结合实际，认真贯彻落实。

工业和信息化部

物联网已成为当前世界新一轮经济和科技发展的战略制高点之一，发展物联网对于促进经济发展和社会进步具有重要的现实意义。为抓住机遇，明确方向，突出重点，加快培育和壮大物联网，根据中国《国民经济和社会发展第十二个五年规划纲要》和《国务院关于加快培育和发展战略性新兴产业的决定》，特制定本规划，规划期为 2011～2015 年。

一、现状及形势

（一）发展现状

目前，中国物联网发展与全球同处于起步阶段，初步具备了一定的技术、产业和应用基础，呈现出良好的发展态势。

产业发展初具基础。无线射频识别（RFID）产业市场规模超过 100 亿元，其中低频和高频 RFID 相对成熟。全国有 1600 多家企事业单位从事传感器的研制、生产和应用，年产量达 24 亿只，市场规模超过 900 亿元，其中，微机电系统（MEMS）传感器市场规模超过 150 亿元；通信设备制造业具有较强的国际竞争力。建成全球最大、技术先进的公共通信网和互联网。机器到机器（M2M）终端数量接近 1000 万，形成全球最大的 M2M 市场之一。据不完全统计，中国 2010 年物联网市场规模接近 2000 亿元。

技术研发和标准研制取得突破。中国在芯片、通信协议、网络管理、协同处理、智能计算等领域开展了多年技术攻关，已取得许多成果。在传感器网络接口、标识、安全、传感器网络与通信网融合、物联网体系架构等方面相关技术标准的研究取得进展，成为国际标准化组织（ISO）传感器网络标准工作组（WG7）的主导国之一。2010 年，中国主导提出的传感器网络协同信息处理国际标准获正式立项，同年，中国企业研制出全球首颗二维码解码芯片，研发了具有国际先进水平的光纤传感器，TD-LTE 技术正在开展规模技术试验。

应用推广初见成效。目前，中国物联网在安防、电力、交通、物流、医疗、环保等领域已经得到应用，且应用模式正日趋成熟。在安防领域，视频监控、周界防入侵等应用已取得良好效果；在电力行业，远程抄表、输变电监测等应用正在逐步拓展；在交通领域，路网监测、车辆管理和调度等应用正在发挥积极作用；在物流领域，物品仓储、运输、监测应用广泛推广；在医疗领域，个人健康监护、远程医疗等应用日趋成熟。除此之外，物联网在环境监测、市政设施监控、楼宇节能、食品药品溯源等方面也开展了广泛的应用。

尽管中国物联网在产业发展、技术研发、标准研制和应用拓展等领域已经取得了一些进展，但应清醒地认识到，中国物联网发展还存在一系列瓶颈和制约因素。主要表现在以下几个方面：核心技术和高端产品与国外差距较大，高端综合集成服务能力不强，缺乏骨干龙头企业，应用水平较低，且规模化应用少，信息安全方面存在隐患等。

（二）面临形势

"十二五"时期是中国物联网由起步发展进入规模发展的阶段，机遇与挑战并存。

国际竞争日趋激烈。美国已将物联网上升为国家创新战略的重点之一；欧盟制定了促进物联网发展的十四点行动计划；日本的 U-Japan 计划将物联网作为四项重点战略领域之一；韩国的 IT839 战略将物联网作为三大基础建设重点之一。发达国家一方面加大力度发展传感器节点核心芯片、嵌入式操作系统、智能计算等核心技术，另一方面加快标准制定和产业化进程，谋求在未来物联网的大规模发展及国际竞争中占据有利位置。

创新驱动日益明显。物联网是中国新一代信息技术自主创新突破的重点方向，蕴含着巨大的创新空间，在芯片、传感器、近距离传输、海量数据处理以及综合集成、应用等领域，创新活动日趋活跃，创新要素不断积聚。物联网在各行各业的应用不断深化，将催生大量的新技术、新产品、新应用、新模式。

应用需求不断拓宽。在"十二五"期间，中国将以加快转变经济发展方式为主线，更加注重经济质量和人民生活水平的提高，亟需采用包括物联网在内的新一代信息技术改造升级传统产业，提升传统产业的发展质量和效益，提高社会管理、公共服务和家居生活智能化水平。巨大的市场需求将为物联网带来难得的发展机遇和广阔的发展空间。

产业环境持续优化。中央和国务院高度重视物联网发展，明确指出要加快推动物联网技术研发和应用示范；大部分地区将物联网作为发展重点，出台了相应的发展规划和行动计划，许多行业部门将物联网应用作为推动本行业发展的重点工作加以支持。随着国家和地方一系列产业支持政策的出台，社会对物联网的认知程度日益提升，物联网正在逐步成为社会资金投资的热点，发展环境不断优化。

二、指导思想、发展原则、发展目标

（一）指导思想

以邓小平理论和"三个代表"重要思想为指导，深入贯彻落实科学发展观，把握世界新科技革命和产业革命的历史机遇，抓住中国加快培育和发展战略性新兴产业的契机，加强统筹规划，促进协同发展；加强自主创新，注重应用牵引；加强监督管理，保障信息安全；加强政策扶持，优化发展环境。重点突破核心技术，研制关键标准，拓展规模应用，构建产业体系，为中国物联网的全面发展并在新一轮国际竞争中占据有利位置奠定坚实基础。

（二）发展原则

（1）坚持市场导向与政府引导相结合。既要充分遵循市场经济规律，利用市场手段配置资源，面向市场需求发挥企业主体作用，又要注重政府调控引导，加强规划指导，加大政策支持力度，营造良好产业发展环境，促进产业快速健康发展。

（2）坚持全国统筹与区域发展相结合。做好顶层设计，进行统筹规划、系统布局、促进协调发展。同时，各地区根据自身基础与优势，明确发展方向和重点，大力培育特色产业集群，形成重点突出、优势互补的产业发展态势。

（3）坚持技术创新与培育产业相结合。着力推进原始创新，大力增强集成创新，加强引进消化吸收再创新，充分利用国内外两个市场两种资源，大力推动技术成果的产业化进程，形成以企业为主体、产学研用相结合的技术创新体系，发展培育壮大物联网产业。

（4）坚持示范带动与全面推进相结合。推动信息化与工业化深度融合，加快推进重点行业和重点领域的先导应用，逐步推进全社会、全行业的物联网规模化应用，形成重点覆盖、逐步渗透、全面推进的局面。从政策法规、标准规范、技术保障能力等多角度，全面提升物联网安全保障水平。

（三）发展目标

到 2015 年，中国要在核心技术研发与产业化、关键标准研究与制定、产业链条建立与完善、重大应用示范与推广等方面取得显著成效，初步形成创新驱动、应用牵引、协同发展、安全可控的物联网发展格局。技术创新能力显著增强。攻克一批物联网核心关键技术，在感知、传输、处理、应用等技术领域取得 500 项以上重要研究成果；研究制定 200 项以上国家和行业标准；推动建设一批示范企业、重点实验室、工程中心等创新载体，为形成持续创新能力奠定基础。

初步完成产业体系构建。形成较为完善的物联网产业链，培育和发展 10 个产业聚集区，100 家以上骨干企业，一批"专、精、特、新"的中小企业，建设一批覆盖面广、支撑力强的公共服务平台，初步形成门类齐全、布局合理、结构优化的物联网产业体系。

应用规模与水平显著提升。在经济和社会发展领域广泛应用，在重点行业和重点领域应用水平明显提高，形成较为成熟的、可持续发展的运营模式，在 10 个重点领域完成一批应用示范工程，力争实现规模化应用。

三、主要任务

（一）大力攻克核心技术

集中多方资源，协同开展重大技术攻关和应用集成创新，尽快突破核心关键技术，形成完善的物联网技术体系。

（1）提升感知技术水平。重点支持超高频和微波 RFID 标签、智能传感器、嵌入式软件的研发，支持位置感知技术、基于 MEMS 的传感器等关键设备的研制，推动二维码解码芯片研究。

（2）推进传输技术突破。重点支持适用于物联网的新型近距离无线通信技术和传感器节点的研发，支持自感知、自配置、自修复、自管理的传感网组网和管理技术的研究，推动适用于固定、移动、有线、无线的多层次物联网组网技术的开发。

（3）加强处理技术研究。重点支持适用于物联网的海量信息存储和处理，以及数据挖掘、图像视频智能分析等技术的研究，支持数据库、系统软件、中间件等技术的开发，推动软硬件操作界面基础软件的研究。

（4）巩固共性技术基础。重点支持物联网核心芯片及传感器微型化制造、物联网信息安全等技术研发，支持用于传感器节点的高效能微电源和能量获取、标识与寻址等技术的开发，推动频谱与干扰分析等技术的研究。

（二）加快构建标准体系

按照统筹规划、分工协作、保障重点、急用先行的原则，建立高效的标准协调机制，积极推动自主技术标准的国际化，逐步完善物联网标准体系。

（1）加速完成标准体系框架的建设。全面梳理感知技术、网络通信、应用服务及安全保障等领域的国内外相关标准，做好整体布局和顶层设计，加快构建层次分明的物联网标准体系框架，明确中国物联网发展的急需标准和重点标准。

（2）积极推进共性和关键技术标准的研制。重点支持物联网系统架构等总体标准的研究，加快制定物联网标识和解析、应用接口、数据格式、信息安全、网络管理等基础共性标准，大力推进智能传感器、超高频和微波 RFID、传感器网络、M2M、服务支撑等关键技术标准的制定工作。

（3）大力开展重点行业应用标准的研制。面向重点行业需求，依托重点领域应用示范工程，形成以应用示范带动标准研制和推广的机制，做好物联网相关行业标准的研制，形成一系列具有推广价值的应用标准。

（三）协调推进产业发展

以形成和完善物联网产业链为目标，引入多元化的竞争机制，协调发展与物联网紧密相关的制造业、通信业与应用服务业。重点突破感知制造业发展瓶颈，推进物联网通信业发展，加快培育应用服务业，形成产业链上下游联动、协调可持续的发展格局。

（1）重点发展物联网感知制造业。重点发展与物联网感知功能密切相关的制造业。推动传感器/节点/网关、RFID、二维条码等核心制造业高端化发展，推动仪器仪表、嵌入式系统等配套产业能力的提升，推动微纳器件、集成电路、微电源、新材料等产业的发展和壮大。

（2）积极支持物联网通信业。支持与物联网通信功能紧密相关的制造、运营等产业。推动近距离无线通信芯片与终端制造产业的发展，推动 M2M 终端、通信模块、网关等产品制造能力的提升，推动基于 M2M 等的运营服务业发展，支持高带宽、大容量、超高速有线/无线通信网络设备制造业与物联网应用的融合。

（3）着力培育物联网服务业。鼓励运营模式创新，大力发展有利于扩大市场需求的专业服务、增值服务等服务新业态。着力培育海量数据存储、处理与决策等基础设施服务业，推进操作系统、数据库、中间件、应用软件、嵌入式软件、系统集成等软件开发与集成服务业发展，推动物联网应用创造和衍生出的独特市场快速发展。

（四）着力培育骨干企业

重点培育一批影响力大、带动性强的大企业；营造企业发展环境，采取灵活多样的模式，做好一批"专、精、特、新"中小企业的孵化和扶持工作；加强产业联盟建设，逐步形成门类齐全、协同发展、影响力强的产业体系。

引导企业间通过联合并购、品牌经营、虚拟经营等方式形成大型的物联网企业或企业联合体，提高产业集中度。在传感器、核心芯片、传感节点、操作系统、数据库软件、中间件、应用软件、嵌入式软件、系统集成、传感器网关及信息通信网、信息服务、智能控制等各领域打造一批品牌企业。

（五）积极开展应用示范

面向经济社会发展的重大战略需求，以重点行业和重点领域的先导应用为引领，注重自主技术和产品的应用，开展应用模式的创新，攻克一批关键技术，形成通用、标准、自主可控的应用平台，加快形成市场化运作机制，促进应用、技术、产业的协调发展。

（1）开展经济运行中重点行业应用示范。重点支持物联网在工业、农业、流通业等领域的应用示范。通过物联网技术进行传统行业的升级改造，提升生产和经营运行效率，提升产品质量、技术含量和附加值，促进精细化管理，推动落实节能减排，强化安全保障能力。

（2）开展面向基础设施和安全保障领域的应用示范。重点支持交通、电力、环保等领域的物联网应用示范工程，推动物联网在重大基础设施管理、运营维护方面的应用模式创新，提升重大基础设施的监测管理与安全保障能力，提升对重大突发事件的应急处置能力。

（3）开展面向社会管理和民生服务领域的应用示范。重点支持公共安全、医疗卫生、智能家居等领域的物联网应用示范工程。发挥物联网技术优势，提升人民生活质量和社会公共管理水平，推动面向民生服务领域的应用创新。

（六）合理规划区域布局

充分尊重市场规律，加强宏观指导，结合现有开发区、园区的基础和优势，突出发展重点，按照有利于促进资源共享和优势互补、有利于以点带面推进产业长期发展、有利于土地资源节约集约利用的原则，初步完成中国物联网区域布局，防止同质化竞争，杜绝盲目投资和重复建设。

加快推进无锡国家传感网创新示范区建设，积累经验，以点带面，辐射带动物联网产业在全国范围内的发展。充分考虑技术、人才、产业、区位、经济发展、国际合作等基础因素，在东、中、西部地区，以重点城市或城市群为依托，高起点培育一批物联网综合产业集聚区；以推进物联网应用技术发展进步及物联网服务业为导向，以特色农业、汽车生产、电力设施、石油化工、光学制造、家居照明、海洋港口等一批特色产业基地为依托，打造一批具有物联网特色的产业聚集区，促进物联网产业与已有特色产业的深度融合。

（七）加强信息安全保障

建立信息安全保障体系，做好物联网信息安全顶层设计，加强物联网信息安全技术的研究开发，有效保障信息采集、传输、处理等各个环节的安全可靠。加强监督管理，做好物联网重大项目的安全评测和风险评估，构建有效的预警和管理机制，大力提升信息安全保障能力。

（1）加强物联网安全技术研发。研制物联网信息安全基本架构，突破信息采集、传输、处理、应用各环节安全共性技术、基础技术、关键技术与关键标准。重点开展隐私保护、节点的轻量级认证、访问控制、密钥管理、安全路由、入侵检测与容侵容错等安全技术研究，推动关键技术的国际标准化进程。

（2）建立并完善物联网安全保障体系。建立以政府和行业主管部门为主导，第三方测试机构参与的物联网信息安全保障体系，构建有效的预警和管理机制。对各类物联网应用示范工程全面开展安全风险与系统可靠性评估工作。重点支持物联网安全风险与系统可靠性评估指标体系研制，测评系统开发和专业评估团队的建设；支持应用示范工程安全风险与系统可靠性评估机制建立，在物联网示范工程的规划、验证、监理、验收、运维全生命周期推行安全风险与系统可靠性评估，从源头保障物联网的应用安全、可靠。

（3）加强网络基础设施安全防护建设。充分整合现有资源，提前部署，加快宽带网络建设和布局，提高网络速度，促进信息网络的畅通、融合、稳定、泛在，为新技术应用预留空间，实现新老技术的兼容转换。加强对基础设施性能的分析和行为预测，有针对性地做好网络基础设施的保护。

（八）提升公共服务能力

积极利用现有存量资源，采取多种措施鼓励社会资源投入，支持物联网公共服务平台建设和运营，提升物联网技术、产业、应用公共服务能力，形成资源共享、优势互补的物联网公共支撑服务体系。积极探索物联网公共服务与运营机制，确保形成良性、高效的发展机制。

（1）加强专业化公共服务平台建设。不断明确需求，细化专业分工，加强建设和完善共性技术、测试认证、知识产权、人才培训、推广应用、投融资等公共服务平台，全面提升物联网公共服务平台的专业化服务能力和水平。

（2）加快公共支撑机构建设。依托相关部门和行业的资源，建设物联网重点实验室、工程实验室、工程中心、推广应用中心等公共支撑机构，促进物联网技术创新、应用推广和产业化。

（3）整合公共服务资源。加快整合各区域、各行业现有平台建设资源，采取多种措施吸引相应的社会资源投入，形成资源共享、优势互补的产业公共服务体系，提升物联网技术研发、产业化、推广应用等方面的公共服务能力。

四、重点工程

（一）关键技术创新工程

充分发挥企业主体作用，积极利用高校和研究所实验室的现有研究成果，在信息感知和信息处理技术领域追赶国际先进水平，在信息传输技术领域达到国际领先水平，增强信息安全保障能力，力争尽快突破关键核心技术，形成较为完备的物联网技术体系并实现产业化。

专栏附 1-1

关键技术创新工程

1. 信息感知技术

超高频和微波 RFID：积极利用 RFID 行业组织，开展芯片、天线、读写器、中间件和系统集成等技术协同攻关，实现超高频和微波 RFID 技术的整体提升。

　　微型和智能传感器：面向物联网产业发展的需求，开展传感器敏感元件、微纳制造和智能系统集成等技术联合研发，实现传感器的新型化、小型化和智能化。

　　位置感知：基于物联网重点应用领域，开展基带芯片、射频芯片、天线、导航电子地图软件等技术合作开发，实现导航模块的多模兼容、高性能、小型化和低成本。

2. 信息传输技术

　　无线传感器网络：开展传感器节点及操作系统、近距离无线通信协议、传感器网络组网等技术研究，开发出低功耗、高性能、适用范围广的无线传感网系统和产品。

　　异构网络融合：加强无线传感器网络、移动通信网、互联网、专网等各种网络间相互融合技术的研发，实现异构网络的稳定、快捷、低成本融合。

3. 信息处理技术

　　海量数据存储：围绕重点应用行业，开展海量数据新型存储介质、网络存储、虚拟存储等技术的研发，实现海量数据存储的安全、稳定和可靠。

　　数据挖掘：瞄准物联网产业发展重点领域，集中开展各种数据挖掘理论、模型和方法的研究，实现国产数据挖掘技术在物联网重点应用领域的全面推广。

　　图像视频智能分析：结合经济和社会发展实际应用，有针对性地开展图像视频智能分析理论与方法的研究，实现图像视频智能分析软件在物联网市场的广泛应用。

4. 信息安全技术

　　构建"可管、可控、可信"的物联网安全体系架构，研究物联网安全等级保护和安全测评等关键技术，提升物联网信息安全保障水平。

（二）标准化推进工程

　　以构建物联网标准化体系为目标，依托各领域标准化组织、行业协会和产业联盟，重点支持共性关键技术标准和行业应用标准的研制，完善标准信息服务、认证、检测体系，推动一批具有自主知识产权的标准成为国际标准。

专栏附 1-2

标准化推进工程

　　标准体系架构：全面梳理国内外相关标准，明确中国物联网发展的急需标准和重点标准，开展顶层设计，构建并不断完善物联网标准体系。

　　共性关键技术标准：重点支持标识与解析、服务质量管理等共性基础标准和传感器接口、超高频和微波 RFID、智能网关、M2M、服务支撑等关键技术标准的制定。

　　重点行业应用标准：面向工业、环保、交通、医疗、农业、电力、物流等重点行业需求，以重大应用示范工程为载体，总结成功模式和成熟技术，形成一系列具有推广价值的行业应用标准。

信息安全标准：制定物联网安全标准体系框架，重点推进物联网感知节点、数据信息安全标准的制定和实施，建立国家重大基础设施物联网安全监测体系，明确物联网安全标准的监督和执行机制。

标准化服务：整合现有标准化资源，建立国内外标准信息数据库和智能化检索分析系统，形成综合性的标准咨询、检测和认证服务平台，建立物联网编码与标识解析服务系统。

（三）"十区百企"产业发展工程

重点建设 10 个产业聚集区和培育 100 个骨干企业，形成以产业聚集区为载体，以骨干企业为引领，专业特色鲜明、品牌形象突出、服务平台完备的现代产业集群。

专栏附 1-3

"十区百企"产业发展工程

产业聚集区：建设以研发中心、研发型企业、测试认证中心为主体的综合物联网产业聚集区；紧密结合相关行业应用特点，在感知制造、通信运营、应用服务等领域，打造具有鲜明特色的物联网产业聚集区，实现产业链上下游企业的汇集和产业资源整合。

骨干企业培育：在全国范围内培育 100 家掌握核心关键技术、经营状况良好、主业突出、产品市场前景好、对产业发展带动作用大、发展初具规模的物联网产业骨干企业。

（四）重点领域应用示范工程

在重点领域开展应用示范工程，探索应用模式，积累应用部署和推广的经验和方法，形成一系列成熟的可复制推广的应用模板，为物联网应用在全社会、全行业的规模化推广作准备。经济领域应用示范以行业主管部门或典型大企业为主导，民生领域应用示范以地方政府为主导，联合物联网关键技术、关键产业和重要标准机构共同参与，形成优秀解决方案并进行部署、改进、完善，最终形成示范应用牵引产业发展的良好态势。

专栏附 1-4

重点领域应用示范工程

智能工业：生产过程控制、生产环境监测、制造供应链跟踪、产品全生命周期监测，促进安全生产和节能减排。

智能农业：农业资源利用、农业生产精细化管理、生产养殖环境监控、农产品质量安全管理与产品溯源。

智能物流：建设库存监控、配送管理、安全追溯等现代流通应用系统，建设跨区域、行业、部门的物流公共服务平台，实现电子商务与物流配送一体化管理。

智能交通：交通状态感知与交换、交通诱导与智能化管控、车辆定位与调度、车辆远程监测与服务、车路协同控制，建设开放的综合智能交通平台。

智能电网：电力设施监测、智能变电站、配网自动化、智能用电、智能调度、远程抄表，建设安全、稳定、可靠的智能电力网络。

智能环保：污染源监控、水质监测、空气监测、生态监测，建立智能环保信息采集网络和信息平台。

智能安防：社会治安监控、危化品运输监控、食品安全监控，重要桥梁、建筑、轨道交通、水利设施、市政管网等基础设施安全监测、预警和应急联动。

智能医疗：药品流通和医院管理，以人体生理和医学参数采集及分析为切入点，面向家庭和社区开展远程医疗服务。

智能家居：家庭网络、家庭安防、家电智能控制、能源智能计量、节约低碳、远程教育等。

（五）公共服务平台建设工程

在国家和各级地方政府主管部门的政策引导和资金扶持下，充分发挥园区、企业、科研院所等责任主体的作用，实现平台的多方共建，充分整合现有资源，建立资源共享、优势互补的公共服务平台。

专栏附 1-5

公共服务平台建设工程

公共技术平台：针对技术的研究开发、产品的验证测试和质量检测等需求，整合全行业的技术资源，提供面向软件、硬件、系统集成方面的共性技术服务。

应用推广平台：针对前沿技术、解决方案、科研成果、专利等内容，为使用者提供最直观的使用体验和前瞻示范，促进科技成果转化。

知识产权平台：建立覆盖支撑技术创新和应用创新的知识产权服务体系，建立关键技术和产品及关键应用领域的专利数据库，建立动态的物联网知识产权数据监测与分析服务机制。

信息服务平台：为政产学研用各类主体提供及时、丰富的物联网各类信息，为用户提供一站式信息服务。

五、保障措施

（一）建立统筹协调机制

建立和完善协同工作机制，加强部门合作，协调物联网在重点领域应用示范工作，解决物联网发展面临的关键技术研发、标准制定、产业发展、安全保障等问题。建立健全行业统计和运行监测分析工作体系，加强对重大项目建设的监督、检查和处理，推动物联网产业发展。

（二）营造政策法规环境

加强对国内外物联网发展形势的研究，做好政策预研工作，针对发展中出现的热点、难点问题，及时制定出台相关管理办法。总结推广各地区、各部门的先进经验，加强政策协调，制定促进物联网健康有序发展的政策法规。

（三）加大财税支持力度

增加物联网发展专项资金规模，加大产业化专项等对物联网的投入比重，鼓励民资、外资投入物联网领域。积极发挥中央国有资本经营预算的作用，支持中央企业在安全生产、交通运输、农林业等领域开展物联网应用示范。落实国家支持高新技术产业和战略性新兴产业发展的税收政策，支持物联网产业发展。

（四）注重国际技术合作

发挥各种合作机制的作用，多层次、多渠道、多方式推进国际科技合作与交流。鼓励境外企业和科研机构在中国设立研发机构；鼓励中国企业和研发机构积极开展全球物联网产业研究，在境外开展联合研发和设立研发机构，大力支持中国物联网企业参与全球市场竞争，持续拓展技术与市场合作领域。

（五）加强人才队伍建设

制定和落实相关人才引进和配套服务政策。以良好的服务稳定人才，努力做好引进人才的户口管理以及子女入学、基本养老、基本医保等配套的公共服务，有计划地改进生活配套设施建设，创造适合人才事业发展和健康生活的生存环境。加大力度培养各类物联网人才，建立健全激励机制，造就一批领军人才和技术带头人。

附录 2:

国家智慧城市试点暂行管理办法

一、总则

第一条 智慧城市建设是贯彻党中央、国务院关于创新驱动发展、推动新型城镇化、全面建成小康社会的重要举措。为加强现代科学技术在城市规划、建设、管理和运行中的综合应用，整合信息资源，提升城市管理能力和服务水平，促进产业转型，指导国家智慧城市试点申报和实施管理，制定本办法。

第二条 本办法所指国家智慧城市试点的范围包括设市城市、区、镇。

第三条 住房城乡建设部成立智慧城市创建工作领导小组，全面负责组织实施工作。

第四条 试点城市（区、镇）人民政府是完成当地试点任务的责任主体，负责试点申报、组织实施、落实配套条件等工作。

二、申报

第五条 由申报城市（区、镇）人民政府提出申请，经所在省级住房城乡建设主管部门审核同意后报送住房城乡建设部。直辖市及计划单列市的申报由城市人民政府直接报送住房城乡建设部。

第六条 申报国家智慧城市试点应具备以下条件：

（一）智慧城市建设工作已列入当地国民经济和社会发展"十二五"规划或相关专项规划；

（二）已完成智慧城市发展规划纲要编制；

（三）已有明确的智慧城市建设资金筹措方案和保障渠道，如已列入政府财政预算；

（四）责任主体的主要负责人负责创建国家智慧城市试点申报和组织管理。

第七条 申报国家智慧城市试点需提供下列材料：

（一）申请文件及所在省级住房城乡建设主管部门推荐意见（签章）。

（二）智慧城市发展规划纲要。纲要应体现以现代科学技术促进城镇化健康发展的理念，明确提出建设与宜居、管理与服务、产业与经济等方面的发展目标、控制指标和重点项目。

（三）智慧城市试点实施方案。具体内容：

1. 基本概况。包括经济、社会、产业发展现状，社会公共服务和城市基础设施情况等。

2. 可行性分析。包括创建国家智慧城市的需求分析、基础条件和优势分析及风险分析等。

3. 创建目标和任务。根据当地实际情况，对照《国家智慧城市（区、镇）试点指标体系（试行）》提出合理可行的创建目标和建设任务，以及建设期限和工作计划。

4. 技术方案。支撑创建目标的实现和服务功能的技术路线、措施和平台建设方案。

5. 组织保障条件。包括组织管理机构、相关政策和资金筹措方式等。

6. 相关附件。

三、评审

第八条 住房城乡建设部负责组成国家智慧城市专家委员会，委员会由城市规划、市政、公共服务、园林绿化、信息技术等方面的管理和技术专家组成。

专家委员会坚持实事求是的原则，独立、客观、公正地进行评审，并负责智慧城市创建的技术指导和验收评定。

第九条 评审程序包括材料审查、实地考察、综合评审等环节。评审专家组从专家委员会中抽取专家组成。

（一）材料审查。专家组对申报材料的完整性、可行性、科学性进行审查。

（二）实地考察。专家组对通过材料审查的城市进行实地考察，考察内容包括信息化基础设施、应用系统建设与应用水平、保障体系和建设基础等，并形成书面意见。

（三）综合评审。专家组通过查看申报材料、听取工作和试点实施方案汇报、听取实地考察意见和综合评议等程序，对申报国家智慧城市试点工作进行综合评审，并形成综合评审意见。

第十条 综合评审意见报住房城乡建设部智慧城市创建工作领导小组审批，批准后的试点城市名单在住房城乡建设部网站上公布。

四、创建过程管理和验收

第十一条 住房城乡建设部与试点城市（区、镇）人民政府签订国家智慧城市创建任务书，明确创建目标、创建周期和建设任务等内容。

第十二条 承担试点任务的责任主体要明确创建工作行政责任人，成立由相关职能部门组成的试点工作实施管理办公室，具体负责创建实施工作。

第十三条 试点城市在创建期内，每年 12 月 31 日前向住房城乡建设部提交年度自评价报告，说明预定目标的执行情况。根据年度自评价报告，住房城乡建设部组织专家实地考察建设工作进展，并形成年度评价报告。

第十四条 创建期结束后，住房城乡建设部智慧城市创建工作领导小组依据创建任务书组织验收。对验收通过的试点城市（区、镇）进行评定，评定等级由低至高分为一星、二星和三星。

未通过验收的允许进行一次限期整改，整改结束后组织复验收。

　　第十五条　评定结果报住房城乡建设部智慧城市领导小组核定后，在住房城乡建设部网站上公示，公示期 10 个工作日。公示无异议的，住房城乡建设部命名其相应等级的国家智慧城市（区、镇）。

五、附则

　　第十六条　本办法由住房城乡建设部建筑节能与科技司负责解释。

参考文献

[1]   Atzori L., Iera A., Morabito G. The Internet of Things: A Survey[J], 2010, 54(15): 2787–2805.

[2]   Miorandi D., Sicari S., De Pellegrini F., et al. Internet of Things: Vision, Applications and Research Challenges[J], 2012, 10(7): 1497–1516.

[3]   Qin X., Gu Y. Data Fusion in the Internet of Things[J], 2011, 15: 3023–3026.

[4]   Gama K., Touseau L., Donsez D. Combining Heterogeneous Service Technologies for Building an Internet of Things Middleware[J], 2012, 35(4): 405–417.

[5]   Domingo M. C. An Overview of the Internet of Things for People with Disabilities[J], 2012, 35(2): 584–596.

[6]   Chen Y., Hu H. Internet of Intelligent Things and Robot as a Service[J].

[7]   Yang J., Fang B. Security Model and Key Technologies for the Internet of Things[J], 2011, 18, Supplement 2: 109–112.

[8]   Shaoshuai F., Wenxiao S., Nan W., et al. MODM–Based Evaluation Model of Service Quality in the Internet of Things[J], 2011, 11, Part A: 63–69.

[9]   Qu L., Huang Y., Tang C., et al. Node Design of Internet of Things Based on ZigBee Multichannel[J], 2012, 29: 1516–1520.

[10]   Weber R. H. Internet of Things–New Security and Privacy Challenges[J], 2010, 26(1): 23–30.

[11]   Xu X., Chen T., Minami M. Intelligent Fault Prediction System Based on Internet of Things[J].

[12]   Chen X., Jin Z. Research on Key Technology and Applications for Internet of Things[J], 2012, 33: 561–566.

[13]   Guo Z., Zhang Z., Li W. Establishment of Intelligent Identification Management Platform in Railway Logistics System by Means of the Internet of Things[J], 2012, 29: 726–730.

[14]   Weber R. H. Internet of Things–Need for a New Legal Environment[J], 2009, 25(6): 522–527.

[15]   Yu–Fang L., Jin–Xing S. Using the Internet of Things Technology Constructing Digital Mine[J], 2011, 10: 1104–1108.

[16]   Qiuping W., Shunbing Z., Du Chunquan. Study on Key Technologies of Internet of Things Perceiving Mine[J], 2011, 26: 2326–2333.

[17]   Xiaoying S., Huanyan Q. Design of Wetland Monitoring System Based on the Internet of Things[J], 2011, 10: 1046–1051.

[18]   Hassaneina H. Keynote I: Sensing and Identification in the Internet of Things Era[J], 2011, 5: 34–35.

[19]   Li B., Yu J. Research and Application on the Smart Home Based on Component Technologies and Internet of Things[J], 2011, 15: 2087–2092.

[20]   Sun E., Zhang X., Li Z. The Internet of Things (IOT) and Cloud Computing (CC) Based Tailings Dam Monitoring and Pre–Alarm System in Mines[J], 2012, 50(4): 811–815.

[21]   Liu J., Tong W. Device Service Networks Maintenance Based on Components Migration in the Internet of Things[J], 2012, 29: 3418–3423.

[22]   Wang Y., Wen Q. A Key Agreement Protocol Based–on Object Identifier for Internet of Things[J], 2011, 15: 1787–1791.

[23] Kiritsis D. Closed–Loop PLM for Intelligent Products in the Era of the Internet of Things[J], 2011, 43(5): 479–501.

[24] Mitton N., Simplot–Ryl D. From the Internet of Things to the Internet of the Physical World[J], 2011, 12(7): 669–674.

[25] Roman R., Alcaraz C., Lopez J., et al. Key Management Systems for Sensor Networks in the Context of the Internet of Things[J], 2011, 37(2): 147–159.

[26] Xu Y., Jiang R., Yan S., et al. The Research of Safety Monitoring System Applied in School Bus Based on the Internet of Things[J], 2011, 15: 2464–2468.

[27] Weber R. H. Accountability in the Internet of Things[J], 2011, 27(2): 133–138.

[28] Zhang D., Zhu Y., Zhao C., et al. A New Constructing Approach for a Weighted Topology of Wireless Sensor Networks Based on Local–World Theory for the Internet of Things (IOT)[J].

[29] Vasseur J., Dunkels A. Chapter 4–IPv6 for Smart Object Networks and the Internet of Things [J], 2010: 39–49.

[30] Campbell M. Build Your Own Internet of Things[J], 2012, 214(2861): 44–47.

[31] Mao X., Zhou C., He Y., et al. Guest Editorial: Special Issue on Wireless Sensor Networks, Cyber–Physical Systems, and Internet of Things[J], 2011, 16(6): 559–560.

[32] 周洪波. 物联网：技术、应用、标准和商业模式 [M]. 北京：电子工业出版社，2010.

[33] 朱近之. 智慧的云计算：物联网的平台 [M]. 2 版. 北京：电子工业出版社，2011.

[34] 吴功宜. 智慧的物联网：感知中国和世界的技术 [M]. 北京：机械工业出版社，2010.

[35] 项有建. 冲出数字化：物联网引爆新一轮技术革命 [M]. 北京：机械工业出版社，2010.

[36] 张为民，唐剑，罗治国，等. 云计算深刻改变未来 [M]. 北京：科学出版社，2009.

[37] 杨刚，沈沛意，郑春红，等. 物联网理论与技术 [M]. 北京：科学出版社，2010.

[38] 陈海滢，刘昭，等. 物联网应用启示录：行业分析与案例实践 [M]. 北京：机械工业出版社，2011.

[39] 邬贺铨，刘伟，王思敬，等. 物联网蓝皮书：中国物联网发展报告 [M]. 北京：社会科学文献出版社，2011.

[40] 李虹. 物联网：生产力的变革 [M]. 北京：人民邮电出版社，2010.

[41] Peter Fingar. 云计算：21 世纪的商业平台 [M]. 王灵俊，译. 北京：电子工业出版社，2009.

[42] 中国科学院. 科技革命与中国的现代化 [M]. 北京：科学出版社，2009.

[43] IBM 商业价值研究. 智慧地球 [M]. 北京：东方出版社，2009.

[44] 联合国人居署. 2008/2009 世界城市状况：和谐城市 [R].

[45] 工业和信息化部电子科学技术情报研究所软件与信息服务研究部. 中国云计算发展战略研究 [R]，2011.

[46] 北京市经济信息化委员会祥云工程项目组. 北京市云计算产业链研究报告 [R]，2011.

[47] 刘立琦. 物联网发展应用给经济社会带来的影响 [J]. 物联网技术，2011（7）：22-24.

[48] 房秉毅，张云勇，程莹，徐雷. 云计算国内外发展现状分析 [J]. 电信科学，2010，8A：1-6.

[49] 王阳元. 21 世纪硅微电子技术三个重要发展方向 [J]. 华东科技，2007，6：86-88.

[50] 江泽民. 新时期中国信息技术产业的发展 [J]. 上海交通大学学报，2008，10.

[51] 刘忠立. 硅微电子工业的发展限制及对策 [J]. 微电子学，2009，39（4）：552-554.

[52] 苏杰. 无线宽带的未来——无线网状网 [J]. 中国新通信（技术版），2007：61-65.

[53] 骆小平. 智慧城市的内涵论析 [J]. 城市管理与科技，2010（6）：34-37.

[54] 陈柳钦. 智慧城市：全球城市发展新热点 [J]. 青岛科技大学学报（社会科学版），2011，27（1）：8–16.

[55] 孟晓华，等. 面向高科技产业群的技术预见 [J]. 科学学与科学技术管理，2006（5）.

[56] 杨耀武. 社会需求与技术预见 [J]. 技术预见，2005（9）.

[57] 王世彤，等. 泛在网络业务体系架构、标准化及关键技术问题 [J]. 通信技术与标准，2010（1）：44–48.

[58] 孙其博，等. 物联网：概念、架构与关键技术研究综述 [J]. 北京邮电大学学报，2010，33（3）：1–9.

[59] 沈苏彬，范曲立，宗平，等. 物联网的体系结构与相关技术研究 [J]. 南京邮电大学学报，2009，29（6）：1–11.

[60] 王保云. 物联网技术研究综述 [J]. 电子测量与仪器学报，2009，23（12）：1–7.

[61] 中国社会科学院语言研究所词典编辑室. 现代汉语词典 [Z]. 北京：商务印书馆，1990.

[62] 中国科学院物联网研究发展中心，等. 中国物联网产业发展年度蓝皮书（2010）[R]，2010.

[63] 赛迪顾问股份有限公司. 中国云计算产业发展白皮书 [R].

[64] 物联网产业链分析及企业运营模式研究——国外运营商和服务商经验分享（PPT）[Z/OL]. www.cuijinghui.com.

[65] Public Policy Division of the Software & Information Industry Assosiate (SIIA). Guide to Cloud Computing for Policymakers [R],2011.

[66] International Telecommunication Union. Internet Reports 2005: The Internet of Things [R]. Geneva: ITU, 2005.

[67] 温家宝. 2010 年政府工作报告 [EB/OL]. 2010–03–15 [2010–05–12]. http://www.gov.cn/2010lh/content_1555767. htm.

[68] 陈章龙. 从物联网到 CPS 抢占未来信息技术先机 [EB/OL]. 2010–04–28 [2010–05–18]. http://miit.ccidnet.com/art/32661/20100428/2046249_1.html.

[69] 韩国信息通信. 韩国计划至 2012 年构建"物联网"基础设施 [EB/OL]. 2009–12–04 [2010–05–18]. http://www.c114.net/news/17/a450913.html.

[70] European Research Projects on the Internet of Things (CERP–IoT)Strategic Research Agenda (SRA). Internet of Things—Strategic Research Roadmap [EB/OL]. 2009–09–15[2010–05–12]. http://ec.europa.eu/information_society/policy/rfid/documents/in_cerp.pdf.

[71] Commission of the European Communities, Internet of Things in 2020, EPoSS, Brussels [EB/OL]. 2008[2010–05–12]. http://www.umic.pt/images/stories/publicacoes2/Internet–of–Things_in 20_EC–EPoSS workshop_Report_2008_v3.pdf.

[72] M.L. Green , P.K. Schenck, K.–S. Chang, J. Ruglovsky, M. Vaudin. "Higher–k" Dielectrics for Advanced Silicon Microelectronic Devices: A Combinatorial Research Study[J]. Microelectronic Neering,2009, 86: 1662–1664.

[73] International Technology Roadmap for Semiconductors (ITRS) [EB/OL], 2009. http://public.itrs.net/.

[74] AutoID Labs Homepage. http://www.autoidlabs.org/.

[75] 叶纯青. 物联网的风险 [J]. 金融科技时代，2014（1）：52–53.

[76] 李俊慧，耿楠，聂艳明. 农业物联网场景模拟仿真系统的研究与实现 [J]. 农机化研究，2014（4）：198–201，207.

[77] 秦怀斌，李道亮，郭理. 农业物联网的发展及关键技术应用进展 [J]. 农机化研究，2014（4）：246–248，252.

[78] 张琳芳. 基于物联网技术的智能物流系统的研究 [J]. 黑龙江八一农垦大学学报, 2013（6）: 70–73.

[79] 孙吉春. 基于物联网技术的企业全面质量管理研究 [J]. 价值工程, 2014（1）: 165–166.

[80] 石刚, 赵伟. 工业无线通信技术　第四十二讲　面向辽河流域环保应用的物联网技术研究 [J]. 仪器仪表标准化与计量, 2013（6）: 24–30.

[81] 蔡钰. 物联网产业化发展影响因素作用机理分析及武汉市对策研究 [J]. 湖北省社会主义学院学报, 2013（6）: 68–72.

[82] 颜波, 石平. 基于物联网的水产养殖智能化监控系统 [J]. 农业机械学报, 2014（1）: 259–265.

[83] 吴琼. 物联网在消费价格统计工作中的应用 [J]. 中国国情国力, 2014（1）: 76–77.

[84] David Niewolny. 物联网如何革新医疗保健领域 [J]. 电子产品世界, 2014（1）: 27–29.

[85] 马宝英, 刘志宇, 李力力, 等. 物联网专业基础课程设置探讨 [J]. 物流科技, 2014（1）: 49–50, 53.

[86] 徐林华, 张彩虹. 物联网技术在邵阳烟草物流的应用与展望 [J]. 物流科技, 2014（1）: 97–100.

[87] 李仕峰. 物联网应用在 GIS 中的问题及对策 [J]. 电子制作, 2014（1）: 162.

[88] 王俊艳. 物联网技术在包装印刷企业中的应用 [J]. 电子测试, 2014（1）: 80–81.

[89] 李晓辉, 贺冬, 王炯. 基于 BIG6 的物联网信息协同模型 [J]. 电子测试, 2014（1）: 112–116.

[90] 傅骞, 宋衍. 面向物联网教育应用的新一代教育资源库 [J]. 中国电化教育, 2014（1）: 88–92.

[91] 李健, 史浩. 基于物联网的产品碳足迹测算体系改进研究 [J]. 科技进步与对策, 2014（4）.

[92] 尹光辉, 陈瑛. 探讨物联网的技术思想和应用策略 [J]. 电子制作, 2013, 24: 149–150.

[93] 罗少甫, 董明. 高校物联网平台的前端数据采集技术 [J]. 电子制作, 2013, 24: 152.

[94] 张锐, 王自力. 探讨基于物联网的大数据量实时信息交换对策 [J]. 电子测试, 2013, 24: 277–278.

[95] 张凯婷, 朱婧, 王芳, 等. 感知矿山物联网智慧照明系统设计 [J]. 工矿自动化, 2014（1）.

[96] 马武彬, 刘明星, 邓苏, 等. 面向物联网的语义空间资源索引构建及其查询优化算法 [J]. 系统工程与电子技术, 2014（1）.

[97] 赵波, 徐昳, 张志华. 协同创新网络对物联网企业资源获取和创新绩效影响研究 [J]. 科技进步与对策, 2014（8）.

[98] 徐森. 物联网技术在医疗行业的应用研究 [J]. 电子技术与软件工程, 2013, 24: 52, 171.

[99] 徐东明, 曹清, 邹宇汉. 基于物联网的养鱼智能管理系统 [J]. 电子测试, 2014（2）: 130–131.

[100] 王涛. 物联网体系构成与关键技术应用初探 [J]. 电子测试, 2014（2）: 142–143.

[101] 刘韬. 物联网专业理论教学及实践教学研究 [J]. 软件导刊, 2014（1）: 176–178.

[102] 刘娅, 徐震, 杨蕾. 基于物联网的无线传感器网络路由协议研究 [J]. 光通信研究, 2014, 40（1）: 67–70.

[103] 马冬来, 张文静. 基于物联网的智能社区系统研究 [J]. 河北软件职业技术学院学报, 2014,（1）.

[104] 刘泽晖, 刘晶. 物联网技术在高职院校学生管理工作中的应用 [J]. 新乡学院学报（自然科学版）, 2014（6）: 446–448.

[105] 钱吴永, 李晓钟, 王育红. 物联网产业技术创新平台架构与运行机制研究 [J]. 科技进步与对策, 2014（9）.

[106] 赵亮, 张吉礼, 梁若冰. 面向建筑能源系统的物联网通用网关设计与实现 [J]. 大连理工大学学报, 2014（1）.

[107] 我国研发出基于物联网技术智能水质自动监测系统 [J]. 江西饲料, 2013（6）: 48.

[108] 谭筱. 物联网在物流仓储管理中的运用探究 [J]. 科技创新与应用, 2014（3）: 276.

[109] 王小许. 物联网让渔民实现"智能养殖" [N]. 中国渔业报, 2013-12-30（A03）.

[110] 李丹丹. 我市拟建航天中心公园 [N]. 中山日报, 2013-12-26（002）.

[111] 马爱平. 智慧温室到底有多"智慧"? [N]. 科技日报, 2014-01-06（004）.

[112] 吴铁英. 2014 年, 家居智能装置走上前台 [N]. 文汇报, 2014-01-05（006）.

[113] 任璐. 抢抓机遇　顺势而为　再接再厉　全力推进农业物联网发展 [N]. 农民日报, 2014-01-13（001）.

[114] 冯丽, 卞良. 基于物联网的未来课堂展望 [J]. 华章, 2014（1）: 182.